100道

中式面点
一学就会

陈麒文 著

江苏凤凰科学技术出版社 · 南京

江苏省版权局著作权合同登记 图字：10-2018-401 号

图书在版编目（CIP）数据

100道中式面点一学就会 / 陈麒文著. — 南京：江苏凤凰科学技术出版社，2022.9
ISBN 978-7-5713-2764-4

Ⅰ. ①1… Ⅱ. ①陈… Ⅲ. ①面食—制作—中国 Ⅳ. ①TS972.132

中国版本图书馆CIP数据核字(2022)第015689号

100 道中式面点一学就会

著　　　者	陈麒文	
责 任 编 辑	陈　艺	
责 任 校 对	仲　敏	
责 任 监 制	方　晨	

出 版 发 行	江苏凤凰科学技术出版社
出版社地址	南京市湖南路 1 号 A 楼，邮编：210009
出版社网址	http://www.pspress.cn
印　　　刷	天津丰富彩艺印刷有限公司

开　　　本	718 mm × 1 000 mm　1/16
印　　　张	14
插　　　页	1
字　　　数	264 000
版　　　次	2022年9月第1版
印　　　次	2022年9月第1次印刷

标 准 书 号	ISBN 978-7-5713-2764-4
定　　　价	49.80元

图书如有印装质量问题，可随时向我社印务部调换。

十年磨一剑——
美味易做的中式面点

　　这本《100道中式面点一学就会》是我个人生涯的重要作品，对我而言意义非凡。我致力餐饮领域，自学生时代到现在已经20多年了，大大小小的餐饮奖项也拿了50多个，并且取得了3张"中式面食"乙级证照，包含酥糕类、水调类、发面类，但我仍抱着十年磨一剑的心情，希望这部作品可以成为我个人的代表作及中式面食领域的专业书籍。

　　"面点"对我而言，不只是教学内容，也是生活中的一部分。我曾在中国台湾中华谷类食品工业技术研究所、高雄餐旅大学教过中式面食，这些经验对我来说是难能可贵的。我也经常到加拿大、南非、韩国、布基纳法索表演及教授中式面点，这些国家的人民对这些糕点很感兴趣，很想知道内馅的原料及制作方式，于是我从白豆沙馅、红豆沙馅、绿豆沙馅开始教起，包括中国台湾有名的凤梨酥内馅，大家都很乐意学习。

　　本书为大家介绍了100道经典与创新的面点、12种实用甜馅、3种容易制作成功的天然酵种，以及如何挑选与使用常见工具、材料，并将其灵活运用于各式面点中。本书内容丰富，有"经典伴手礼面点"，如蛋黄酥、绿豆凸、凤梨酥、太阳饼、鹿港牛舌饼、嘉义方块酥等；有"正餐零食两相宜面点"，如传统菜肉包、胡椒饼、韭菜盒子、小葱饼等；还有在知名饭店或餐厅才能吃到的蟹壳黄、烤鸭荷叶饼、枣泥锅饼等；以及"充满惊喜的创意面点"，如炸蛋葱油饼、抹茶牛舌饼、宫保鸡丁馅饼、黑芝麻水煎包、狮子头包，尤其是收录了我在第一届台北市麻油鸡创意组个人比赛的冠军作品"麻油鸡汤包"。

　　书中的中式面点用浅显易懂的方式描述做法，只要跟着配方实际称量，跟着步骤实际操作，即使是新手，也能轻松学会！

新竹大华科技大学餐饮系主任
陈麒文

6 加热面点的
最佳时间。

3 根据面皮的制作过
程及质地来分类。

1 赏心悦目的成品图。

2 面点的中文名称。

4 成品数量。

5 面点煎制、蒸制的火候，或烘烤的温度。

7 保存面点的最佳方式及天数。

8 详细的步骤解说，让你在操作过程中更容易掌握制作重点。

9 材料一览表，准确的分量是成功制作面点的基础。

10 面点冷藏后的最佳回温方式，以及操作过程中常用的关键技巧。

11 全彩高清步骤图，让制作过程更直观。

老婆饼

属性：油酥皮	数量：20 个		
火候：上火 190℃ / 下火 180℃（单火 185℃）			
时间：烤 17 分钟→5 分钟	最佳品尝期：室温 2 天 / 冷藏 5 天		

做法

❶ 分别制作油皮和油酥。将油皮搓长后分为 20 等份，油酥搓长后分为 20 等份；取 1 份油皮包入 1 份油酥，擀卷 2 次，盖上保鲜膜，放置 15 分钟让面团醒发，即为油酥皮（详细步骤参见 P13～15）。

❷ 将冬瓜糖在热水（材料外）中泡软，捞出后沥干水，切碎，加入其他内馅材料，充分拌匀，放置一旁醒发 20 分钟，即为内馅，将其分为 20 等份，备用。

❸ 取 1 份油酥皮，擀成直径约 7 厘米的圆片，包入 1 份内馅，并包成圆形。收口捏紧后放入直径 8 厘米的压模，用杯子底部轻轻压进模子成平整的扁圆形，脱模。依序完成所有包馅与压模动作。

❹ 将所有圆饼排入烤盘，均匀刷上一层蛋黄液，放置 5 分钟，用长竹签在表面刺数个小洞。

❺ 放入以上火 190℃ / 下火 180℃预热好的烤箱，烤 17 分钟后将烤盘调头，续烤 5 分钟至表面呈金黄色即可。

{ 零失败秘诀 }

冷藏后的面点，请以 150℃烤 12 分钟复热，即可食用。

熟面粉吸水性强，内馅与熟面粉拌匀时，需要放置一段时间，让馅充分醒发才能使用。

材料

油皮	
冷开水	80ml
细砂糖	40g
中筋面粉	200g
白油	80g
油酥	
低筋面粉	140g
白油	70g
内馅	
冬瓜糖	348g
糖粉	348g
肥猪肉（切小丁）	140g
猪油	70g
冷开水	70ml
盐	6g
生白芝麻	35g
熟面粉	174g
装饰	
蛋黄（打散）	2 个

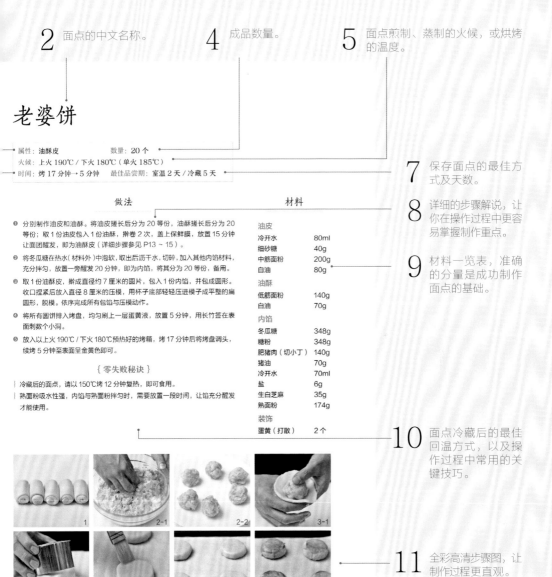

1　2-1　2-2　3-1
3-2　4-1　4-2　5

41

目录
Contents

第一章
新手入门前准备

 油酥皮　 发酵油酥皮　 糕浆皮　 发酵面团　 油炸发酵面团

 冷水面团　 全烫面团　 半烫面团　 发粉面糊

 基本红豆沙馅　 基本白豆沙馅　 基本绿豆沙馅　 红豆粒馅　 红豆沙馅　 奶油红豆沙馅

 白豆沙馅　 绿豆沙馅　 枣泥馅　 菠萝馅　 番薯馅　 紫番薯馅

 基本老面　 葡萄干面种　 桂圆干面种

1

第二章

经典伴手礼面点

第三章

正餐零食两相宜面点

豆沙包 / 92

三角糖包 / 93

传统菜肉包 / 95

高雄炭烤馒头 / 96

双色红糖馒头 / 99

菜肉水煎包 / 100

韭菜盒子 / 103

葡萄干老面馒头 / 104

芝麻发糕 / 105

小葱饼 / 107

传统猪肉刈包 / 108

圆白菜猪肉锅贴 / 111

桂圆老面馒头 / 112

红糖糕 / 113

猪肉馅饼 / 114

火烧饼 / 117

芝麻酱烧饼 / 118

胡椒饼 / 121

葱油饼 / 122

传统蛋饼 / 123

肉香蔬菜烧饼 / 124

寿桃 / 127

葱烧饼 / 128

第四章

在家品尝五星级面点

第五章

充满惊喜的创意面点

第一章

新手入门前准备

很多人第一次做面点时会不知所措、手忙脚乱。

别担心！本章会告诉大家各种用具与材料的选择与使用方式，

提供了制作中式面点常见的问答集，

还提供了各种面皮、面团做法及 10 多种书中会用到的甜馅配方，

让你吃得更安心；

同时传授 3 种最容易成功的天然酵种，让大家开心做面点！

需要准备的用具

这里为大家介绍一些常见的中式面点制作用具，并对其功能做进一步的说明。新手也能快速了解这些用具的使用方法，选择适合自己的产品。

基本类

烤箱

每个烤箱的强度和预热时间各有不同，使用前必须以点心的烘烤温度来预热10～20分钟，让温度达到适宜的状态，再将准备烘烤的点心放入烤箱中间层烘烤，会让点心受热比较均匀。如果预算充足，建议购买有上下火分开控制的烤箱。

烤盘

烤盘大小必须与烤箱大小相符，烤盘太小则烘烤时会因为吸热过度集中，导致多数面点未熟，少数面点将因为受热太多而部分过焦。如今烤盘几乎都有防粘处理，在清洗时，建议使用表面较柔软的布料或海绵层清洗，洗后擦干并以低温烘干至无水分即可。

凉架

面点出炉时，需要放置在凉架上，并放到通风处，这样有利于热气散去，能防止过度闷热而使面点软化；也能防止水汽太多而影响面点的保存期及外观。凉架以网状为佳，让面点的底部可以保持通风，待面点放凉后再进行后续操作。

钢盆

市面上的钢盆以不锈钢材质的居多，主要用于盛放量较大的面粉等食材；钢盆的功能很多，可用于揉面、拌馅料及在火上加热。不同尺寸的钢盆适合不同分量的面点材料。每次使用完毕后，必须将钢盆清洗干净，并擦拭干净，再叠起来存放。

调理碗

调理碗以玻璃或瓷材质居多，适合称量内馅材料、调味料，以及少量的粉类材料。内馅与调味料搅拌完成后，盖上保鲜膜就能放入冰箱保存，而且玻璃材质的外观很容易判断其内容物的种类。

防粘烤盘布

防粘烤盘布适合铺在烘烤类或需要加热面点的下层，具有防粘、防油的效果，例如用于烤蛋糕、烤饼干、烤月饼、制作牛轧糖、烤鱼、烤猪肉、烤牛肉等。优点是可重复使用，每次使用完，以清水冲洗，晾干后即可收藏，以待下次使用。

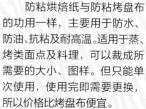
防粘烘焙纸

防粘烘焙纸与防粘烤盘布的功用一样，主要用于防水、防油、抗粘和耐高温。适用于蒸、烤类面点及料理，可以裁成所需要的大小、图样。但只能单次使用，使用完即需要更换，所以价格比烤盘布便宜。

蒸笼

木制蒸笼吸水性强、不易滴水，较重，也容易烧焦，但蒸出来的面点会有淡淡的木香，使用后除了清洗干净外，还必须晾干或风干，以防发霉；而不锈钢制蒸笼除了耐用外，在清洗后只需擦干水就可以收藏。

平底锅

此处指的是防粘平底锅，锅面的铁氟龙处理使其具有防粘效果；如果遇到粘黏时，只需要倒入一些水，煮滚即可清洗。建议使用表面较柔软的布料或海绵层清洗，不宜用菜瓜布或铁刷去刷洗，以免刷掉铁氟龙设计而损坏平底锅。

电子秤

电子秤能精准地称量所需要材料的重量，其价格差异很大，从 100 元到 5000 元都有，主要差别在于精准度及使用寿命。一般家用或新手入门者，选购可称量 3 ~ 5 千克的电子秤即可，最好能称量到小数点后一位。

量匙

市售量匙以塑料、不锈钢材质为主，塑料接触到热源容易变形及熔化，所以建议尽量选用不锈钢制的。一般量匙有 4 种规格，可测量 1.25ml（1/4 小匙）、2.5ml（1/2 小匙）、5ml（1 小匙）、15ml（1 大匙），能量取酒、酱油、糖、盐、发酵粉等少量液体及粉状材料；几乎都有带钩设计，使用完可以吊挂收藏。

量杯

量杯有玻璃、不锈钢、塑料等材质，不管哪种材质，在量杯外均有刻度表示。如果需要量取热水，则建议购买具有耐热性的量杯。

温度计

温度计一般可分为探针式、红外线两种：探针式温度计可用金属去探测加热物质的中心温度；红外线温度计则用折射去测量探测物表面的温度。温度计多用于测量烫面类水温，或测量面团温度，以控制发酵效果。

计时器

不管是蒸还是烤的面点，时间的掌控是非常重要的，计时器在功能上越简单越好，只要容易操作且价格适中即可。

打蛋器

打蛋器以不锈钢材质为主，外观有球状、网状两种，适合搅打混合鸡蛋、蛋白霜、奶油等少量材料，挑选时以好握、价格合适为宜。

手提式电动打蛋器

手提式电动打蛋器常用于搅拌面糊、奶油、蛋清等，可以更省力，含多阶段的变速功能，一般功率是 180 ~ 300 瓦，搅拌棒可拆下来清洗。

桌上型电动搅拌机

桌上型电动搅拌机常用来搅拌包子、馒头或面包类的面团材料，一般是 300 ~ 500 瓦的功率；搅拌器也可拆下来，方便清洗及更换；常见的有球状、钩状搅拌器，可根据需要搅拌的食材来决定采用哪种。选购时以不锈钢材质的为佳，其价格会因产品规格等而有所差异。

橡皮刮刀

橡皮刮刀的材质为 TPR 橡胶、PP 塑料等，以无接缝设计面、不藏污纳垢、强化橡胶材质、耐摩擦、不刮伤其他用具表面为佳。适合制作面点、甜品等搅拌时使用，尤其是拌粉、拌面糊都非常合适。如果预算充足，也可以购买耐热材质的，适合直接拌热馅。

果汁机&冰沙机

果汁机和冰沙机的材质通常为玻璃、PVC（聚氯乙烯），主要用途为混合食材及搅拌食材成泥状，尤其适合制作豆沙馅。价格会因为功率、尺寸规格以及材质而有所不同，可以依照个人的需要来挑选。使用前，建议先倒入滚水搅打并清洗，有助于杀菌与清洁。

3

筛网

　　筛网的材质以金属为主，筛网孔洞大小可依照需求来选购。筛网主要用来筛粉类，也常用来过滤液体中的杂质或气泡，例如布丁液、红糖糕液等，使面点的质地更细致。

擀面杖

　　擀面杖的外观分为直形、含把手形两种，材质有塑料、实木等，较常见的为木制。它主要是将面团、面皮擀成适当厚薄，使用后必须洗净并晾干后收藏。

切面刀

　　切面刀通常分为不锈钢切面刀和塑料刮板两种，多用来切割面团或抹平面糊表面等。常用于西餐烘焙及中式面食，其价格会因尺寸及材质而不同。

刷子

　　刷子主要用于蘸取蛋液，刷于面点表面，也可用来刷除面团上的面粉或刷油。刷子多由塑料或天然动物毛制成，动物毛刷柔顺，较为好用；塑料的较好清理。不管哪一种，使用后必须洗净后晾干再收藏；下次使用前必须先泡热水，待其软化后即可使用。

剪刀

　　剪刀通常用于剪烘焙用的纸张，也可以剪断食材或在面团上剪出造型。刀片通常以不锈钢材质为佳。

耐高温隔热手套

　　在面点刚烘烤或蒸制完成时，戴上隔热手套，再拿取烤盘或蒸笼，可避免烫伤。耐高温手套一般具备耐燃、隔热、不产生有毒气体及耐磨损等特性；目前大部分用玻璃纤维、树脂纤维等制作，可避免烫伤。

专用压模

　　专用压膜的材质分为不锈钢、铝合金、塑料3种，常用于制作饼干、烘焙点心、盖红色标志等，例如凤梨酥、绿豆凸、桃酥等，能让面点大小一致且不变形。

长竹签

　　长竹签的材质为木制，可以作为蛋糕测试针或刺洞使用。例如烘烤比较厚实的咸蛋糕。就可以用长竹签来试探其熟度。

一次性铝箔蛋糕模

　　一次性铝箔蛋糕模的材质为高纯度铝箔，耐高温，属于一次性蛋糕模。可用于盛放蛋糕面糊，例如红糖糕、咸蛋糕、马拉糕等。

干净布

　　以耐洗耐用的布料为主，用于覆盖面团，使其发酵或醒发，并防止面团水分散失。布厚且挺立的为佳，它能保护面团并且使面团发酵完美。

包装袋和包装盒

　　包装袋和包装盒属于烘焙材料，以塑料和纸类为主，用来包装月饼、饼干、巧克力、蛋糕、牛轧糖、凤梨酥、桃酥、蛋黄酥、咸蛋糕等，可提升面点价值。

需要准备的材料

站在烘焙材料店的展示柜前，却不知如何挑选。可能是因为各种材料的外观长得太像了，让人疑惑。这里将帮助大家了解各种材料的特色与用途。

粉类

中筋面粉

中筋面粉的英文名为 All purpose flour，蛋白质含量为 9.5% ~ 12%，适合制作包子、馒头等中式面点；中筋面粉吸水量为 50% ~ 55%。

低筋面粉

低筋面粉的英文名为 Cake flour，蛋白质含量在 8.5% 以下，适合制作蛋糕、饼干、小西饼，以及一般要求口感精致松软的点心，主要由白麦磨制而成；低筋面粉的吸水量为 48% ~ 52%。

全麦面粉

传统的全麦面粉是将整粒小麦研磨而制成的，所以全麦粉中含有大量胚芽与麸皮。全麦面粉营养丰富，是市场上常见面粉中营养价值最高的，但比较容易变质，不易保存。

木薯淀粉

木薯淀粉呈白色并带有粒状，主要成分为木薯。木薯淀粉蒸煮后会形成清澈透明的糊糊，适合加入面点中，以增强口感，如用以制作肉圆皮、叉烧肉内馅等。

熟面粉

可到烘焙材料店购买熟面粉，或将中筋面粉撒于烤盘上，用 120℃ 烤约 30 分钟，并每隔 10 分钟拌匀一次，烘烤完成后取出，待热气散发再过筛，即是熟面粉。它常用于调节中式面点内馅的软硬度，例如芝麻喜饼、老公饼、老婆饼内馅。

黄豆粉

向面团中加入黄豆粉，可使面皮色泽较白，可用于包子、馒头面团中，经过搅拌、擀压后，其面皮会越来越白。

香草粉

香草粉是香草豆荚的萃取物，并经过加工研制成粉，适量加入糕点，能增加糕点的香气及消除蛋腥味。

布丁粉

布丁粉内含多种胶体，例如卡拉胶、角豆胶、天然海藻胶等凝固剂（布丁安定剂），加水或牛奶调释后添加到糕点中，能增加其风味。

椰子粉

椰子粉是由新椰子果肉榨取的新鲜椰浆，再以喷干法制成粉状。适合加入饼干或蛋糕面糊中，或用于制作中式面点的椰子酥、椰蓉蛋挞，或用于面点的表面装饰。

黑芝麻粉

以黑芝麻磨成粉状，就是黑芝麻粉，营养价值高。常包于内馅，例如黑芝麻包，或是制成黑芝麻糊等。

抹茶粉

抹茶粉是用春茶制作的，冷风干燥后做成原叶"碾茶"，再研磨成翠绿色的粉末，适合制作抹茶牛舌饼、牛肉酥。

奶油

奶油又称牛油，是由牛奶提炼而成的，具有浓郁的奶香，经常用来制作糕点或面包，除了可增加金黄色泽外，也能增进面团延展性及柔软度。市面上的奶油包含有盐、无盐两种，本书所使用的奶油皆为无盐。

细砂糖

细砂糖又称白砂糖、白糖、砂糖，是制作面点时使用最广泛的食用糖，一般用来制作饼干、蛋糕，比较容易融入面团或面糊中，具有焦化作用，可增加面点的脆硬度等。

蜂蜜

蜜蜂采集植物的花蜜、分泌物或蜜露，与自身分泌物结合后，经充分酿造而成的天然甜物质，即蜂蜜，呈液体状，容易溶解于面点中。

白油

白油为猪油去色及去臭的白色油脂，具有良好的油性和稳定性，常用于做有层次感的油皮油酥糕点。

绵白糖

绵白糖又称绵糖、贡白糖、上白糖，质地绵软细腻、结晶颗粒细小，是用砂糖加水煮熬，冷却后搅拌使其返砂而成的。

麦芽糖

麦芽糖由大米、大麦、小米或玉米等粮食经发酵制成，甜度不大，能增加菜肴品种的色泽和香味。有白麦芽、红麦芽、水麦芽3种，颜色与本身浓稠度相关，其黏性高，常用于中式点心。

猪油

猪油又称精制猪油，为动物油脂，是用猪的生板油或肥油熬炼而成的，很容易溶化。猪油带有一股香气，常用于中式面点，例如牛舌饼、太阳饼等，可做出有层次感的酥饼、酥皮类糕点。

糖粉

糖粉又称霜糖、糖霜，是由细砂糖研磨而成的，外形为细白的粉末状。糖粉可用来制作饼干、蛋糕或糖霜，也可用于装饰糕点表面，例如甜甜圈。

冬瓜糖

冬瓜糖由新鲜冬瓜制作而成，色泽洁白、晶莹透明、质地脆，具有冬瓜的独特香气。使用前必须用热水泡软，并吸干水分后切碎。

色拉油

色拉油又称黄豆油、大豆油，为植物性油脂，是从黄豆中所提炼的油，呈透明的淡黄色，没有特殊的香味。由于价格便宜，购买容易，是目前非常常见的油脂，适合用来煎、炸食物。

红糖

红糖是甘蔗制糖程序中的第一道产品，颜色较深，呈粉状且有较多矿物质，营养价值非常高。

膨胀剂

速溶酵母

　　速溶酵母由新鲜酵母经过低温干燥而成，呈粉状，发酵活力介于新鲜酵母与干酵母之间。它的用量是新鲜酵母的1/3。

小苏打粉

　　小苏打粉又称碳酸氢钠，是膨胀剂的一种，外观为白色粉末状，易溶于水，呈碱味，适合用来制作糕点、饼干。

泡打粉

　　泡打粉俗称发粉，含有干的小苏打粉与干的酸性盐粉末，只要加水就可以起化学反应，产生二氧化碳，能让面点变松软。

碳酸氢铵

　　碳酸氢铵又称氨粉、阿摩尼亚，受热后会产生氨、二氧化碳和水，所产生的氨与二氧化碳都是气体，被包在面糊内，受热即开始膨胀而产生气压，周围的面糊随之膨胀。它适合制作水分少的面点，例如油条、糖麻花等。

烧明矾

　　烧明矾又称矾石，属于酸性原料，与碱性的小苏打水混合后会释放出二氧化碳，能让糕点膨胀及松软。

蛋和乳制品

鸡蛋

　　鸡蛋为制作蛋糕的重要发泡来源，正确打发蛋清，可使蛋糕蓬松、组织绵密。蛋黄因为含油脂，具有乳化作用，做糕点时能增加色泽，也常刷在面点表面，使烘烤后的面点表面呈漂亮的金黄色。

牛奶

　　牛奶的作用和奶粉类似，主要提香增味、增加营养。牛奶中还含有大量水分，可以作为配方中的水分来源。

奶粉

　　奶粉就是牛奶脱去水分后制成的粉末，主要作用是增加香味、提升口感。使用非常方便，直接与糕点或面包中的粉类材料混合就可以了。

炼乳

　　牛奶与砂糖或糖浆混合，经过真空、杀菌等过程制成的浓缩牛奶即炼乳。炼乳的水分只有牛奶的1/4，而且甜度比牛奶高，常用来制作糕点或甜品淋酱。

芝士粉

　　由芝士研制成的粉即芝士粉，其味道独特并且奶香味浓郁，可以用于制作糕点及料理。

双色芝士丝

　　双色芝士丝由两种不同颜色及特性的芝士所组成（马芝瑞拉芝士和巧达芝士），具有上色、拉丝特性及双重风味。

五谷杂粮

八宝杂粮

　　八宝杂粮由多种食材经蒸熟并糖蜜所制成，包括蜜红芸豆、蜜赤小豆、蜜花生、蜜花芸豆、蜜薏仁等多种材料，常用于制作馒头或糕点内馅。

水果干

水果干是已经脱水的水果，通常是用日晒、烘干等方法脱水。常见的水果干有蔓越莓干、苹果干、芒果干、葡萄干、橘子干、番石榴干等。

坚果

坚果含单不饱和脂肪酸和多不饱和脂肪酸，以及各式维生素、纤维素等，营养丰富，适合用于制作糕点，可带来不同的口感及风味，常见的有核桃仁、松子仁、南瓜子仁等。

其他类

盐

盐除了可以增加咸度，也有助于增加面团的面筋强度，让面点更添加口感与嚼劲。

焦糖色素

焦糖色素是天然食品着色剂，可填补或提供巧克力等糖果的风味，也能为产品增色，例如焦糖馒头、豹纹刈包等。

转化糖浆

细砂糖加水、柠檬、菠萝煮到一定的时间及适合的温度，待冷却后即成转化糖浆。常用于制作月饼或糕类中式点心，可长时间保存而不结晶，并为饼皮带来独特的风味。

食用色素

食用色素为可食用的色素，常见的有红色、蓝色、绿色、黄色，少量添加即能增加面团的颜色，让面点的卖相更好。

芋头色膏

芋头色膏是带有芋头风味的液体，其颜色呈紫色，只需要数滴就可以为面点带来紫色及芋头风味，可以用来制作芋头酥，让芋头酥的颜色更加鲜艳。

冻麻糬

市面上有卖盒装一个一个的冷冻麻糬，也可以购买整包软稠状的，自行分割成需要的分量。作为内馅的冷冻麻糬，能增加糕饼、包子的弹性及口感。

杏仁霜

杏仁霜是选用南杏仁制成的粉料，味道浓郁，直接冲泡即可饮用，也可制作杏仁饼，具有独特风味。

酱油

酱油以黑豆或黄豆加入小麦蒸煮，并添加菌类再经发酵而成，可提升菜肴、肉馅的风味并为其增色。

酱油膏

酱油膏具有酱油风味且更浓稠，有些酱油膏带有一些甜味，广泛用于各式料理或馅料制作中。

面点制作问答集

　　成功制作面点的诀窍到底有哪些呢？只要详读以下的问答，你很快就能找到成为面点高手的秘密。

面团发酵的要领是什么？

　　酵母开始产生二氧化碳，并缓慢吹胀气泡，使面团鼓起，这就是所谓的产气。面团在揉制完成时开始产气，经过一段时间，用手指尖轻拍面团表皮，可以感觉到有些气体在表皮下，即表示发酵完成，此时可将面团放进烤箱或蒸笼加热了。发酵的温度以27℃为佳，在发酵的过程中不宜再移动、揉捏面团。如果发酵时间太短就去蒸、烤，则会因为发酵不足而造成面点体积比较小、表皮产生皱皮；如果发酵时间太长，则酵母在蒸、烤时产气不足，面点容易产生塌陷及萎缩现象。

刷蛋液之后可以立刻刺洞吗？

　　为了让面点的卖相更佳，通常会在烘烤前于面点表面刷上蛋黄液、蛋清或糖水。如果立刻刺洞，则容易让这些液体渗入面团，进而影响烘烤的膨胀度及面团组织，所以必须等约5分钟，待蛋黄液干后，再用长竹签刺洞为佳。

擀面皮的重点是什么？

　　擀面皮必须视面点的特性而定，有些面点的皮要厚薄一致，包内馅的时候才没有厚薄差异，例如水饺皮、烧卖皮；有些面点则需要中间厚、四周薄，以方便收口及在收口处做造型，例如馅饼、包子。不管是厚薄一致还是四周薄、中间厚，在擀制过程中，都需要施力均匀，不可过度用力，以免造成面皮破裂。

手粉是什么？

　　手粉即指手边容易拿到的粉，主要功能在于防止面团粘黏。在中式面点中手粉即中筋面粉，面包则常用高筋面粉。不管在哪种情况下，都很少用低筋面粉当手粉，因为低筋面粉容易结颗粒，使用前需要过筛，不符合方便性原则。

哪些粉需要过筛?

　　膨胀剂类的粉由于使用量较少,建议都过筛,如泡打粉、小苏打粉。可与面粉一起混合过筛,均匀混合后再一起揉成团,如此才能确保膨胀剂平均分布在面团或面糊中。

为什么面团要收圆?

　　面团在分割成小份时,经过收圆或滚圆动作,除了有利于造型,收圆时面团表面还会形成一层薄膜。有了这层薄膜,面团水分则不容易流失;而且经过一段时间醒发后,将薄膜的面筋再度收圆,其表面也会更光滑、细致。

面团有大有小,可以一起烘烤吗?

　　同一烤盘所放的面团重量必须一致,这样烘烤的时间才能一样。如果面团大小不一,其重量也就不同,在烘烤的时间及温度相同时,将会造成该批面点有些没烤熟,有些已烤焦的现象。

速溶酵母的保存方式是什么?

　　市售的常见酵母有3种,分别为新鲜酵母、干酵母和速溶酵母。速溶酵母在保存及使用上比其他两种酵母更方便,目前市面上的面点产品大部分是使用速溶酵母的。速溶酵母不使用时,必须放入干净的密封罐并冷藏,取出后不需要回温,可立即混合冷水使用。

添加天然面种的优点有哪些?

　　天然面种在发酵过程中会产生酒精、二氧化碳、乳酸、醋酸等,在发酵的过程中使面点产生让人愉悦的味道,且无毒性。使用天然面种的面点具有独特风味,天然面种还可使面团组织更为柔软,并延长面点的保存期。

面团需醒发的原因是什么？

面团需醒发的原因通常有两个：一个是发酵面团或冷水面团的面粉蛋白在经过搅拌后，会产生强力的筋性，此时操作面团容易产生回缩，并且不容易擀制。醒面时间为 10 ~ 30 分钟，将视面团大小、吸水性、室温来决定时间的长短。醒面过程中请盖上保鲜膜或塑料袋，也可以用钢盆覆盖，这样可以防止面团变干、形成表面结皮。待醒面完毕，即可擀大或捏造型。另一个为烫面类面团的面粉经过热水冲烫后，面粉的淀粉物质产生糊化，而糊化的淀粉需要经过一段时间才能完全吸收水分，此时醒面后再揉制，有助于糊化淀粉吸收水分，让面团质地更细致。

依照标示的温度与时间烘烤，为什么依然烤焦了？

每个烤箱内容量会有差异，烘烤时可选择的加热方式也不同。有些烤箱能上火、下火同时加热，有些则只有上火或下火。所以除了依照书中所建议的温度及时间烘焙，还必须在烤箱旁观察，以确保没有加热过头。在烘烤过程中，勿随意打开烤箱门，避免热度下降过快。怎么判断面点是否烤熟了？当面点表面金黄、周围酥脆时，表示已烤熟，即可取出。

蒸制面点的注意事项有哪些？

蒸类的面点以发酵面团、水调和面团、烫面团为主。发酵类的包子、馒头等不适合直接受热，必须在底层放一层空蒸笼，在水滚后蒸制，并将一根筷子置于锅沿，以防止水蒸气滴入面点的表面，这样蒸好的面点才不容易塌陷及萎缩；而水调和面团及烫面团均可直接蒸制，下层不需要另外放上空蒸笼，在水滚后蒸熟即可。

煎制面点的注意事项有哪些？

所有煎制类面点都需要先热锅，在不热锅的情况下，很容易产生粘锅状况。先让平底锅受热，再加入色拉油，使油能均匀铺满锅内，让面点在煎制时不会粘锅。煎制时，看到一面上色后翻面，继续煎到两面呈金黄色为宜。在单面未呈现金黄色时重复翻面，则产品容易破裂。

面团无法光滑的原因是什么？

大部分面团以揉至"三光"（面团光滑、搅拌缸光滑、手部光滑）为标准，面团光滑则制作完成的面点外观会光滑漂亮。面团不光滑主要与面团含水量多寡有关；另外，揉制面团时，手温太高、操作时间过短、室内温湿度太高也是可能导致面团不光滑的原因。

馅料必须放凉后才能包入面团吗？

刚炒好或蒸好的馅料温度很高，必须放凉后再包入面团。如果没有冷却就包裹，则容易让馅的热气闷在面团中，从而造成面点酸坏。发酵类面团如果遇到高温的内馅，则会让外皮酵母在制作时发酵，使面点表里发酵不一致。

吃不完的面点适合冷冻吗？

大部分面点都含有水分，如果将面点放入冷冻库保存，则会产生冰晶状况，从而破坏面点本身的质地及口感。如果冷冻时间太长，则面团表皮会慢慢风干而散失水分，使面点变硬，即使解冻再复热，其口感也会变差，面点保存期将会因此大幅缩短，所以不建议冷冻未吃完的面点。

烤箱的清洁与收藏要注意什么？

烤箱的清洁与收藏非常重要。面点烘烤后，其味道会残留在烤箱内，影响下一种面点的风味，所以用来烘烤面点的烤箱不建议再用来做烤鱼、肉类料理。每次烘烤完面点后，必须将烤箱门或烤箱风扇打开，使味道散去。烤箱每个月需要清理一次，用小毛刷把烤箱内部的碎屑刷除，再用干布擦拭干净，并以低温80℃进行1小时的烘干操作，待机体完全冷却后再收藏。

认识各种面皮与面团

面点皮和面团的成分基本相同，几乎都是通过酵母、油、水、面粉、糖混合调制的，但是比例或擀制技巧稍微调整一下，就能变化出不同层次、造型与口感的面皮。

油酥皮

以油皮、油酥作为外皮，经过擀卷后呈现多层次皮。经过烘烤后，面点在刚出炉时会有微酥口感；等待外皮热气散去时，会变得酥松；最后面点完全冷却时，外皮会有回软口感。一般油皮与油酥的比例为 2：1，有些做法会调整为 3：2。提高油酥比例，可以让面点更加酥松，但必须注意，在操作时可能会有油酥爆开或产品冷却后油味过重的情况。

制作时分大包酥、小包酥两种：大包酥为一大片油皮包里一整个油酥，再大片擀叠成大油酥（例如方块酥）；而小包酥为油皮、油酥各分成数个，再分别以油皮包油酥的方式来进行擀卷动作（例如太阳饼、绿豆凸）。油酥皮从外观上分成暗酥和明酥两类，暗酥是层次在里面（例如蛋黄酥），明酥是层次看得见（例如芋头酥）。

范例：蛋黄酥

材料	油皮		油酥	
	冷水	120ml	低筋面粉	250g
	细砂糖	30g	白油	125g
	中筋面粉	300g		
	白油	120g		

做法

【制作油皮】

❶ 将冷水、细砂糖倒入钢盆，稍微拌匀，加入中筋面粉、白油，拌匀后揉成不黏手的团状，盖上保鲜膜，放置20分钟，让面团醒发，即为油皮。

【制作油酥】

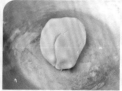

② 将低筋面粉、白油放入钢盆，拌匀后揉成无面粉颗粒的团状，即为油酥。

【分割油皮、油酥】

③ 将油皮搓长，用切面刀分成每份 30g，将开口处收圆。将油酥搓长后，用切面刀分成每份 20g，并将开口处收圆。

【油皮包油酥】

④ 取 1 份油皮，擀成圆片，包入 1 份油酥；用虎口环住油皮，边捏边旋转，并用拇指将油酥压入油皮；将收口捏合，包裹动作即完成。

【第一次擀卷】

⑤ 将包好的油酥皮收口朝上，稍微压扁，用擀面杖由中间向两端擀成椭圆形薄片；以三折法折叠成长方形，稍微压扁，翻面后收口朝上，将油酥皮转 90 度。

【第二次擀卷】

❻ 用擀面杖由中间向两端擀成椭圆形薄片，由下往上慢慢卷起成小圆柱状。依序完成所有擀卷动作，将所有油酥皮收口朝下排列，盖上保鲜膜（或塑料袋），放置15分钟，让面团醒发。

【捏合成层次】

❼ 将油酥皮收口朝上，用食指按压中间位置，再拉起两边面皮至中间捏合，稍微压扁即为油酥皮，接下来就可以进入包馅操作了。

发酵油酥皮

发酵油酥皮是将油皮添加少许酵母后包入油酥，再擀卷成层次皮，包馅后进行发酵，之后放入烤箱烘烤。发酵后其外观会胀大，添加酵母的油皮会稍微与油酥分层，经过烘烤后会呈现酥脆的口感（例如糖鼓烧饼）。请注意，发酵时间不可超过30分钟，以免酵母皮影响油酥的层次，使口感变差。

糕浆皮

广式月饼、凤梨酥、金露酥等都属于这类饼。糕浆皮在制作时需要花较多的时间醒发，以让面粉能均匀地吸收材料中的液体。糕浆皮经过一段时间醒发后，其成品外皮的组织会更细致。糕浆皮如果外皮较厚、内馅较薄，则外皮通常会加入少许膨胀剂（例如泡打粉、小苏打粉），这样能让外皮更蓬松。糕浆皮面点通常会在制作完成后放置一晚再食用，让内馅的油脂渗透到外皮里，使外皮带有淡淡的内馅风味，吃起来更美味。

发酵面团

面粉与酵母及水等材料拌匀后，经发酵、分割、包馅、发酵，再经蒸、煎或烘烤而成。其成品的口感具有弹性及嚼劲，例如包子、馒头、刈包、葱烧饼。制作这种面皮的关键在于对发酵温度、发酵时间的掌控，如果温度及时间不足或太久，都会让成品的外皮呈现皱皮或塌陷、萎缩现象。如何判断面团是否已经发酵完成？可以用手指轻拍面团，当感觉到面皮里面有空气，即是面皮发酵完成的最佳状况，可进行加热操作。

油炸发酵面团

油炸发酵面团的制作过程与发酵面团相同，但最后用热油加热，并炸到酥脆（例如甜甜圈、酸菜包）。由于经过油炸，所以有些产品会在表层添加少许糖粉或细砂糖，来降低油炸的油腻感。

冷水面团

面粉在加入冷水拌匀成团后，再制作成面点。冷水面团制成的面点口感比较有嚼劲，因为面团含水较少，也不黏手，所以比较适合需要做二次造型的面团（例如煎饺、汤包、面条）。当面点刚煮熟或蒸熟时，具有嚼劲，冷却后外皮会稍硬。

全烫面团

全烫面团是加入水分最多的面团。面粉在加入高温的水后，面粉中的淀粉开始糊化，并且能吸收更多的水分，所以全烫面团在刚加入热水时会非常黏；经过一段时间醒发并让面粉吸收水分后，才适合揉成团或做造型。全烫面团的特色是柔软，可做各种馅饼、蒸饺、烧卖。

半烫面团

半烫面团的软硬度介于冷水面团及全烫面团之间，具有这两种面团的特性（例如手抓饼、韭菜盒子），同时具有嚼劲及柔软性。

发粉面糊

面粉加入较多的水分，呈现面糊状，在面糊内添加少许膨胀剂（例如泡打粉、小苏打粉），经过蒸或烘烤，膨胀剂受热时会产生二氧化碳，使面糊胀大而拥有较蓬松的口感（例如发糕、马拉糕）。拌匀面糊后，需要醒发一段时间再蒸，这样面点才会细致。

美味的甜馅做法

当不容易辨识市面上所卖的豆沙馅成分时，你有想过自己做吗？这里给大家提供多款面点中会用到的甜馅。如果豆沙馅、菠萝馅、枣泥馅等都可以亲手做，那是不是吃得更安心呢？

基本红豆沙馅

做法

❶ 将红豆洗净后放入汤锅，倒入滚水（盖过红豆），用大火煮至红豆变软，关火，盖上锅盖，闷 20 分钟至软烂。

材料

红豆（赤小豆）　　2000g
细砂糖　　　　　　500g

❷ 趁温热状态，将红豆倒入果汁机，搅打成泥，透过比较粗的筛网滤除红豆皮，留下红豆沙。

❸ 将干净的豆浆布铺于钢盆上，红豆沙倒入钢盆，拉起豆浆布四周后向中间靠拢，转紧后拧干水分，即为基本红豆沙（大约为 1000g）。

❹ 将基本红豆沙倒入平底锅，以小火加热，加入 500g 细砂糖，拌炒至糖溶化且不黏手，即为基本红豆沙馅。

基本白豆沙馅

材料

白凤豆	2000g
细砂糖	500g

做法

❶ 将白凤豆洗净后放入汤锅，倒入滚水（盖过白凤豆），用大火煮至白凤豆变软，关火。捞起白凤豆，泡入冷水，剥除外皮，再将白凤豆倒回汤锅，以大火煮至软烂。

❷ 趁温热状态，将白凤豆倒入果汁机，搅打成泥。

❸ 将干净的豆浆布铺于钢盆上，把白豆沙倒入钢盆，拉起豆浆布四周后向中间靠拢，转紧后拧干水分，即为基本白豆沙（大约为1000g）。

❹ 将基本白豆沙倒入平底锅，以小火加热，加入500g细砂糖，拌炒至糖溶化且不黏手，即为基本白豆沙馅。

基本绿豆沙馅

材料

绿豆仁（去皮）	2000g	细砂糖	500g

做法

❶ 将绿豆仁洗净后放入汤锅，倒入滚水（盖过绿豆仁），用大火将绿豆仁煮至软烂，关火。

❷ 趁温热，将绿豆倒入果汁机，搅打成泥。

❸ 将干净的豆浆布铺于钢盆上，把绿豆沙倒入钢盆，拉起豆浆布四周后向中间靠拢，转紧后拧干水分，即为基本绿豆沙（大约为1000g）。

❹ 将基本绿豆沙倒入平底锅，以小火加热，加入500g细砂糖，拌炒至糖溶化且不黏手，即为基本绿豆沙馅。

红豆粒馅

材料

红豆（红芸豆）	500g	冷水	100ml	盐	2g
基本红豆沙馅	1000g	细砂糖	100g	麦芽糖	100g

做法

❶ 将红豆泡入冷水（材料外）约12小时至软，捞起后沥干水分，放入锅中。倒入适量冷水（材料外，盖过红豆），放入电饭锅蒸软（红豆未爆开状态），取出，沥除水分并摊于铁盘上散热。

❷ 将基本红豆沙馅、冷水、细砂糖、盐放入平底锅，以小火拌炒至糖溶化；加入麦芽糖、蒸好的红豆，拌炒至浓稠状，即可关火。

❸ 将红豆粒馅盛入铁盘，抹平后待冷却，即可作为面点内馅（约为1800g）。

红豆沙馅

材料

基本红豆沙馅	1000g	细砂糖	100g	麦芽糖	100g
冷水	100ml	盐	2g		

做法

❶ 将基本红豆沙馅、冷水、细砂糖、盐放入平底锅，以小火拌炒至糖溶化，加入麦芽糖，拌炒至不黏手，即可关火。

❷ 将红豆沙馅盛入铁盘，抹平后待冷却，即可作为面点内馅（约为1300g）。

甜馅保存方法

所有包入面点中的豆沙馅，一定要先将生豆沙馅制成基本豆沙馅，其馅料才耐放且不容易坏。自制的甜馅没有添加防腐成分，建议炒制完成后放凉，待完全冷却后再装入夹链袋、密封盒或塑料袋中，冷藏不超过7天、冷冻不超过30天为佳。

奶油红豆沙馅

材料

基本红豆沙馅	1000g	无盐奶油	150g	盐	2g
冷水	200ml	色拉油	50ml	麦芽糖	120g

做法

❶ 将基本红豆沙馅、冷水放入平底锅拌匀，以小火炒约10分钟；加入无盐奶油、色拉油、盐，继续拌炒至奶油溶化。

❷ 放入麦芽糖，拌炒至浓稠状，即可关火。

❸ 将奶油红豆沙馅盛入铁盘，抹平后待冷却，即可作为面点内馅（约为1500g）。

白豆沙馅

材料

基本白豆沙馅	1000g	细砂糖	100g	麦芽糖	100g
冷水	100ml	盐	2g		

做法

❶ 将基本白豆沙馅、冷水、细砂糖、盐放入平底锅，以小火拌炒至糖溶化。

❷ 加入麦芽糖，拌炒至不黏手，即可关火。

❸ 将白豆沙馅盛入铁盘，抹平后待冷却，即可作为面点内馅（约为1300g）。

绿豆沙馅

材料

基本绿豆沙馅	1000g	冷水	100ml	盐	2g
基本白豆沙馅	500g	细砂糖	100g	麦芽糖	100g

做法

❶ 将基本绿豆沙馅、基本白豆沙馅、冷水、细砂糖、盐放入平底锅，以小火拌炒至糖溶化。

❷ 加入麦芽糖，拌炒至不黏手，即可关火。

❸ 将绿豆沙馅盛入铁盘，抹平后待冷却，即可作为面点内馅（约为1800g）。

小叮咛

• 绿豆沙馅因为本身胶质较少，所以需要添加白豆沙馅，增加其胶质，这样比较容易定型，以方便后续包馅。

枣泥馅

材料

干黑枣	500g	细砂糖	100g	麦芽糖	100g
基本红豆沙馅	500g	盐	2g		

做法

小叮咛

- 纯枣泥本身味道太重，添加红豆沙馅后，能令其口感更加柔和。

❶ 将干黑枣泡水，待软后去核，再放入调理盆，倒入冷水（材料外，盖过干黑枣）；放入电饭锅，蒸烂后取出。

❷ 趁温热状态，将处理好的干黑枣倒入果汁机，搅打成泥，透过比较粗的筛网来滤除枣泥渣，并用橡皮刮刀慢慢压出绵密的枣泥。

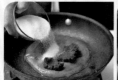 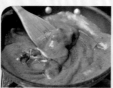  

❸ 将枣泥、基本红豆沙馅、细砂糖、盐放入平底锅，以小火拌炒至糖溶化；加入麦芽糖，拌炒至不黏手，即可关火。

❹ 将枣泥馅盛入铁盘，抹平后待冷却，即可作为面点内馅（约为1200g）。

菠萝馅

材料

冬瓜	3000g	细砂糖	950g	麦芽糖	900g
菠萝肉	500g	盐	2g	无盐奶油	20g

做法

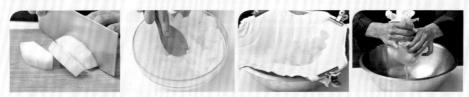

① 将冬瓜去皮后切成厚约5厘米的片状，放入电饭锅蒸软，取出后趁热捣烂。将干净的豆浆布铺于钢盆上，把冬瓜倒入钢盆，拉起豆浆布四周后向中间靠拢，转紧后拧干水分，即为冬瓜泥，备用。

② 将菠萝肉刨成丝后沥干水分，与250g细砂糖一同放入平底锅，以小火拌炒至微干状，加入冬瓜泥、剩下的700g细砂糖、盐、麦芽糖，继续拌炒至微干状，接着放入无盐奶油，拌炒至不黏手，即可关火。

③ 将菠萝馅盛入铁盘，抹平后待冷却，即可作为面点内馅（约为5300g）。

小叮咛

- 菠萝馅比较酸且质地较粗，所以作者习惯加入一些冬瓜，这样可以调节酸度与质地。
- 市面上的菠萝馅有些会加入菠萝香料来增加香气，自己动手做比较安心。

番薯馅

材料

黄色番薯	1000g	细砂糖	100g	麦芽糖	100g
基本白豆沙馅	500g	盐	2g		

做法

❶ 将黄色番薯洗净去皮后切成厚约3厘米的片状，放入电饭锅蒸软，取出后趁热捣烂。

❷ 将番薯泥、基本白豆沙馅、细砂糖、盐放入平底锅，以小火拌炒至糖溶化，加入麦芽糖，继续拌炒至不黏手，即可关火。

小叮咛

• 番薯馅本身胶质较少，需要添加白豆沙馅来增加其胶质，以方便后续操作。

❸ 将番薯馅盛入铁盘，抹平后待冷却，即可作为面点内馅（约为1700g）。

紫番薯馅

材料

紫番薯	1000g	细砂糖	100g	麦芽糖	100g
基本白豆沙馅	500g	盐	2g		

做法

❶ 将紫番薯洗净去皮后切小丁，放入电饭锅蒸软，取出后趁热捣烂。

❷ 将紫番薯泥、基本白豆沙馅、细砂糖、盐放入平底锅，以小火拌炒至糖溶化，加入麦芽糖，继续拌炒至不黏手，即可关火。

❸ 将紫番薯馅盛入铁盘，抹平后待冷却，即可作为面点内馅（约为1700g）。

小叮咛

• 胶质较少的紫番薯馅，需要添加适量白豆沙馅来增加其胶质，以方便后续操作。

最容易成功的天然酵种

天然酵种是有活力的，会随着操作者的心情与环境而有些许变化，所以一定要用爱心与耐心来培养。用天然酵种制作出来的面点皮的孔洞会因为酵母活力的不同而大小不一，最重要的是面点会更松软且具有迷人的风味，赶快来试试吧！

基本老面

材料

冷开水	450ml
速溶酵母	5g
中筋面粉	550g

❶ 将冷开水、速溶酵母倒入干净的钢盆，用打蛋器搅拌至酵母溶解，加入中筋面粉拌匀。

❷ 盖上保鲜膜，放置室温阴凉处（约27℃）12小时，当发现面团胀大为原来的2倍且产生气泡，即为基本老面（约为1000g）。

【后续培养基本老面种】

材料

基本老面	1000g
冷开水	250ml
中筋面粉	250g

做法

❶ 将基本老面、冷开水、中筋面粉放入钢盆，将所有材料充分拌匀。

❷ 放置室温阴凉处（约27℃）6小时，待发酵完成即可（约为1000g）。

小叮咛

- 以面粉和冷开水培养老面是最简单的方式，也是最容易成功的天然酵种，其自然的麦香可以不抢面点的味道。
- 双手及所使用的用具务必清洁干净。为了避免细菌繁殖，请选用煮过且放凉的冷开水来制作。
- 如果室温高于27℃，请放入冰箱冷藏（4℃~7℃），以免温度过高而影响发酵效果。
- 基本老面可以持续培养，但为了避免越养越多，建议每次培养时，只加入250ml冷开水、250g中筋面粉拌匀。之后要每天持续培养，否则面种会死掉。

葡萄干面种

材料

葡萄干液种
葡萄干　　　200g
冷开水　　　400ml

接面粉种
葡萄干液种　500ml
中筋面粉　　500g

做法

【消毒并沥干容器】

煮沸一锅水（水量能盖过容器即可），关火后降温到80℃左右。将热水冲入欲养酵母液的容器，将容器里外烫约30秒钟。倒出水后，将容器放在网架上沥干，待其干燥后即可使用。

【第1天培养葡萄干液种】

将葡萄干、冷开水放入消毒并沥干的容器内，用干净的筷子搅拌数下，盖上瓶盖，放置室温阴凉处（约27℃）24小时。

【第2天培养葡萄干液种：葡萄干开始膨胀】

可以发现葡萄干吸收水分且开始膨胀。打开瓶盖，用干净的筷子搅拌数下；盖上瓶盖，放置室温阴凉处（约27℃）24小时，继续培养。

【第3天培养葡萄干液种：飘出淡淡酒精味】

可以发现葡萄干因为吸收足够水分而膨胀得更大。打开瓶盖后会飘出淡淡的酒精味，并且出现少量的泡泡。用干净的筷子搅拌数下，盖上瓶盖，放置室温阴凉处（约27℃）24小时，继续培养。

【第4天培养葡萄干液种：产生大量泡泡】

除了葡萄干膨胀得很大之外，还有部分葡萄干浮到瓶子的上半部，并且有大量的泡泡，打开瓶盖后会飘出浓浓的酒精味。用干净的筷子搅拌数下，盖上瓶盖，放置室温阴凉处（约27℃）24小时，继续培养。

【第5天培养葡萄干液种：酒精味开始变淡】

葡萄干膨胀得非常大且全部浮到瓶子的上半部，并有大量的泡泡，打开瓶盖后会发现酒精味变淡。用干净的筷子搅拌数下，盖上瓶盖，放置室温阴凉处（约27℃）24小时，继续培养。

【第6天培养葡萄干液种：散发出天然的葡萄香气】

葡萄干膨胀得超级大且全部浮到瓶子的上半部，并有大量的泡泡，打开瓶盖后会发现酒精味没有了，散发出天然的葡萄香气。用干净的筷子搅拌数下，盖上瓶盖，放置室温阴凉处（约27℃）24小时，继续培养。

【第7天培养葡萄干液种：生命周期即将结束】

膨胀的葡萄干慢慢往下沉，只有少量的泡泡。此刻也是葡萄干液种 7 天生命周期的最后一天。请赶快用完，否则就要丢弃了。此刻请依照前面步骤重新培养一罐新的葡萄干液种。

【接面粉种：要开始吃面粉了】

透过滤网滤除葡萄干，取葡萄干液 500ml，倒入钢盆。加入中筋面粉，充分拌匀。盖上保鲜膜，放置室温阴凉处（约27℃）12 小时。当面团胀大为原来的 2 倍且产生气泡时，即为葡萄干面种（约为 1000g）。

【后续培养葡萄干面种】

材料

葡萄干面种	1000g
冷开水	250ml
中筋面粉	250g

做法

❶ 将葡萄干面种、冷开水、中筋面粉放入钢盆，将所有材料充分拌匀。

❷ 放置室温阴凉处（约27℃）6 小时，待发酵完成即可（约为1000g）。

小叮咛

- 双手及所使用的用具务必清洁干净。另外，为了避免细菌繁殖，请选用煮过且放凉的冷开水来制作。
- 如果室温高于27℃，请放入冰箱冷藏（4℃～7℃），以免温度过高而影响发酵效果。
- 葡萄干面种可以持续培养，但为了避免越养越多，建议每次培养时，只加入250ml冷开水、250g中筋面粉拌匀。之后要每天持续培养，否则面种会死掉。

桂圆干面种

材料

桂圆干液种
桂圆干　　　200g
冷开水　　　400ml

接面粉种
桂圆干液种　500ml
中筋面粉　　500g

做法

【 消毒并沥干容器 】

　　煮沸一锅水（水量能盖过容器即可），关火后降温到80℃左右。将热水冲入欲养酵母液的容器，将容器里外烫约30秒钟。倒出水后，将容器放在网架上沥干，待其干燥后即可使用。

【 第1天培养桂圆干液种 】

　　桂圆干、冷开水放入消毒并沥干的容器内，用干净的筷子搅拌数下，盖上瓶盖，放置室温阴凉处（约27℃）24小时。

【第2天培养桂圆干液种：桂圆干开始膨胀】

可以发现桂圆干吸收水分且开始膨胀。打开瓶盖，用干净的筷子搅拌数下；盖上瓶盖，放置室温阴凉处（约27℃）24小时，继续培养。

【第3天培养桂圆干液种：飘出淡淡酒精味】

可以发现桂圆干因为吸收足够水分而膨胀得更大。打开瓶盖后会飘出淡淡的酒精味，并且出现少量的泡泡。用干净的筷子搅拌数下，盖上瓶盖，放置室温阴凉处（约27℃）24小时，继续培养。

【第4天培养桂圆干液种：产生大量泡泡】

除了桂圆干膨胀得很大之外，还有部分桂圆干浮到瓶子的上半部，并且有大量的泡泡，打开瓶盖后会散发出浓浓的酒精味。用干净的筷子搅拌数下，盖上瓶盖，放置室温阴凉处（约27℃）24小时，继续培养。

【第5天培养桂圆干液种：酒精味开始变淡】

桂圆干膨胀得非常大且全部浮到瓶子的上半部，并有大量的泡泡，打开瓶盖后会发现酒精味变淡。用干净的筷子搅拌数下，盖上瓶盖，放置室温阴凉处（约27℃）24小时，继续培养。

【第6天培养桂圆干液种：散发出天然的桂圆香气】

桂圆干膨胀得超级大且全部浮到瓶子的上半部，并有大量的泡泡，打开瓶盖后会发现酒精味没有了，散发出天然的桂圆香气。用干净的筷子搅拌数下，盖上瓶盖，放置室温阴凉处（约27℃）24小时，继续培养。

【第7天培养桂圆干液种：生命周期即将结束】

膨胀的桂圆干慢慢往下沉，只有少量的泡泡。此刻也是桂圆干液种7天生命周期的最后一天。请赶快用完，否则就要丢弃了。此刻请依照前面步骤重新培养一罐新的桂圆干液种。

【接面粉种：要开始吃面粉了】

透过滤网滤除桂圆干，取桂圆干液500ml，倒入钢盆，加入中筋面粉，充分拌匀。盖上保鲜膜，放置室温阴凉处（约27℃）12小时。当面团胀大为原来的2倍且产生气泡时，即为桂圆干面种（约为1000g）。

【后续培养桂圆干面种】

材料

桂圆干面种	1000g
冷开水	250ml
中筋面粉	250g

做法

   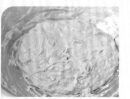

❶ 将桂圆干面种、冷开水、中筋面粉放入钢盆，将所有材料充分拌匀。

❷ 放置室温阴凉处（约27℃）6小时，待发酵完成即可（约为1000g）。

小叮咛

- 双手及所使用的用具务必清洁干净。另外，为了避免细菌繁殖，请选用煮过且放凉的冷开水来制作。
- 如果室温高于27℃，请放入冰箱冷藏（4℃～7℃），以免温度过高而影响发酵效果。
- 桂圆干面种可以持续培养，但为了避免越养越多，建议每次培养时，只加入250ml冷开水、250g中筋面粉拌匀，之后要每天持续培养，否则面种会死掉。

第二章

经典伴手礼面点

到底有哪些面点可以历久不衰，大家一尝再尝都不腻，

甚至旅游时也会随手带一盒，作为伴手礼送给亲友呢？

此刻开始，只要你学会本书的经典款面点，

就再也不用左右为难或不得不亲临当地面点店购买了，

自己动手照样能虏获家人与朋友的心！

杏仁酥饼

属性：浆团类　　　　　数量：33 个

火候：上火 190℃ / 下火 180℃（单火 185℃）

时间：烤 15 分钟 → 5 分钟

最佳品尝期：室温 3 天 / 冷藏 6 天

做法

❶ 将低筋面粉与泡打粉一起过筛后放入钢盆，加入其他面团材料，拌匀后揉成不黏手的团状。盖上保鲜膜，放置 20 分钟让面团醒发，即为杏仁浆团。

❷ 将杏仁浆团搓成长条，再分为 33 等份，收圆并稍微压扁后排入烤盘。

❸ 在酥饼表面均匀刷上一层蛋清，粘上杏仁片，放入以上火 190℃ / 下火 180℃预热好的烤箱，烤 15 分钟后将烤盘调头，续烤 5 分钟至表面呈金黄色即可。

｛零失败秘诀｝

▏冷藏后的面点，请以 150℃烤 12 分钟复热，即可食用。

▏杏仁酥饼刚烤好时较柔软，待冷却后就会变酥脆。

材料

面团

低筋面粉	400g
泡打粉	10g
猪油	150g
白油	150g
杏仁霜	100g
细砂糖	300g
全蛋	50g
小苏打粉	5g

内馅

蛋清（打散）	50g
杏仁片	50g

咸光饼

材料

面团

冷开水	200ml
速溶酵母	5g
细砂糖	10g
盐	10g
中筋面粉	500g
小苏打粉	0.5g
基本老面	300g

（制作步骤参见 P25 ~ 26）

装饰

蛋黄（打散）	30g
生白芝麻	20g

属性：发酵面团	数量：30 个
火候：上火 200℃ / 下火 180℃（单火 190℃）	
时间：烤 17 分钟→5 分钟	
最佳品尝期：室温 2 天 / 冷藏 5 天	

做法

❶ 将冷开水、速溶酵母倒入钢盆中，拌匀至酵母溶解，加入细砂糖、盐，并加入已过筛的中筋面粉与小苏打粉，再加入基本老面，拌匀后揉成不黏手的团状。盖上保鲜膜，放置 30 分钟让面团醒发。

❷ 将面团擀成厚约 0.5 厘米的椭圆形，用直径 7 厘米的圆形压模压出圆形。用长筷子在圆形面团中间戳一个小洞。

❸ 排入烤盘，均匀刷上一层蛋黄液，撒上生白芝麻，放置 30 分钟，让面团发酵放大至原来的 1.5 倍，再放入以上火 200℃ / 下火 180℃预热好的烤箱，烤 17 分钟后将烤盘调头，续烤 5 分钟至表面呈金黄色即可。

{ 零失败秘诀 }

添加基本老面后，其口感比较松软。

蛋黄酥

属性：油酥皮	数量：18 个
火候：上火 200℃ / 下火 185℃（单火 190℃）	
时间：烤 20 分钟→5 分钟	
最佳品尝期：室温 2 天 / 冷藏 5 天	

材料

油皮

冷开水	120ml
细砂糖	30g
中筋面粉	300g
白油	120g

油酥

低筋面粉	250g
白油	125g

内馅

奶油红豆沙馅	540g
（制作步骤参见 P20）	
咸蛋黄	18 个

装饰

蛋黄（打散）	2 个
生黑芝麻	5g

做法

❶ 将冷开水、细砂糖倒入钢盆，稍微拌匀，加入中筋面粉、白油，拌匀后揉成不黏手的团状。盖上保鲜膜，放置 20 分钟让面团醒发，即为油皮。将低筋面粉、白油放入钢盆，拌匀后揉成无面粉颗粒的团状，即为油酥。

❷ 将油皮搓长后分为 18 等份，油酥搓长后分为 18 等份，备用。

❸ 取 1 份油皮包入 1 份油酥，擀卷 2 次，盖上保鲜膜，放置 15 分钟让面团醒发，即为油酥皮（详细步骤参见 P13 ~ 15）。

❹ 将奶油红豆沙馅分为 18 等份，咸蛋黄排入烤盘，喷上少许米酒（材料外），放入以上火 170℃ / 下火 170℃预热好的烤箱。烤 7 分钟至咸蛋黄表面出现泡泡状，取出后冷却。

❺ 取 1 份油酥皮，擀成直径约 7 厘米的圆片，依序包入 1 份奶油红豆沙馅、1 个咸蛋黄，并包成圆形，收口捏紧后排入烤盘。依序完成所有包馅动作。

❻ 均匀刷上一层蛋黄液，撒上生黑芝麻，放入以上火 200℃ / 下火 185℃预热好的烤箱，烤 20 分钟后将烤盘调头，续烤 5 分钟至表面呈金黄色即可。

{ 零失败秘诀 }

由于每台烤箱的实际烤温会有些差异，建议蛋黄酥表面已上色后，如有一两个边缘微裂时，即可取出。

1-1

1-2

2

3

4

5

6

绿豆凸

<table>
<tr><td>属性：油酥皮</td><td>数量：20 个</td></tr>
<tr><td colspan="2">火候：上火 180℃ / 下火 190℃（单火 185℃）</td></tr>
<tr><td colspan="2">时间：烤 13 分钟→15 分钟　最佳品尝期：室温 1 天 / 冷藏 3 天</td></tr>
</table>

材料

油皮

冷开水	120ml
糖粉	12g
中筋面粉	300g
白油	120g

油酥

低筋面粉	220g
白油	110g

内馅

色拉油	10ml
虾米	10g
猪绞肉	200g
生白芝麻	30g
酱油	5ml
白胡椒粉	2g
细砂糖	3g
盐	2g
油葱酥	120g
绿豆沙馅	1200g

（制作步骤参见 P21）

装饰

食用红色素	1ml
冷开水	10ml

做法

❶ 分别制作油皮和油酥。将油皮搓长后分为 20 等份，油酥搓长后分为 20 等份，备用；取 1 份油皮包入 1 份油酥，擀卷 2 次，盖上保鲜膜，放置 15 分钟让面团醒发，即为油酥皮（详细步骤参见 P13 ~ 15）。

❷ 热锅，倒入色拉油，放入虾米，以小火炒香，放入猪绞肉续炒至变白，加入生白芝麻、酱油、白胡椒粉、细砂糖、盐，炒至上色且汁收干，再放入油葱酥炒匀，即为油葱酥肉馅，盛盘后待冷却。

❸ 将绿豆沙馅分为 20 等份，每份绿豆沙馅包入 15g 油葱酥肉馅，收口捏紧，即为绿豆沙肉馅，备用。

❹ 取 1 份油酥皮擀成直径约 7 厘米的圆片，包入 1 份绿豆沙肉馅，并包成圆形。收口捏紧后放入直径 8 厘米的压模，用杯子底部轻轻压进模子成平整的扁圆形，脱模。依序完成所有包馅与压模动作。

❺ 将所有圆饼排入烤盘，将食用红色素、冷开水拌匀，用专用压模盖上红印，放入以上火 180℃ / 下火 190℃预热好的烤箱。烤 13 分钟后将烤盘调头，续烤 15 分钟至表面上色即可。

{ 零失败秘诀 }

冷藏后的面点，请以 150℃烤 12 分钟复热，即可食用。

建议烘烤前 13 分钟勿打开烤箱，这样可以预防温度突然下降而影响绿豆凸的膨胀状况。

老婆饼

属性：油酥皮	数量：20 个	
火候：上火 190℃ / 下火 180℃（单火 185℃）		
时间：烤 17 分钟→5 分钟	最佳品尝期：室温 2 天 / 冷藏 5 天	

做法

❶ 分别制作油皮和油酥。将油皮搓长后分为 20 等份，油酥搓长后分为 20 等份；取 1 份油皮包入 1 份油酥，擀卷 2 次，盖上保鲜膜，放置 15 分钟让面团醒发，即为油酥皮（详细步骤参见 P13～15）。

❷ 将冬瓜糖在热水（材料外）中泡软，取出后沥干水，切碎，加入其他内馅材料，充分拌匀，放置一旁醒发 20 分钟，即为内馅，将其分为 20 等份，备用。

❸ 取 1 份油酥皮，擀成直径约 7 厘米的圆片，包入 1 份内馅，并包成圆形。收口捏紧后放入直径 8 厘米的压模，用杯子底部轻轻压进模子成平整的扁圆形，脱模。依序完成所有包馅与压模动作。

❹ 将所有圆饼排入烤盘，均匀刷上一层蛋黄液，放置 5 分钟，用长竹签在表面刺数个小洞。

❺ 放入以上火 190℃ / 下火 180℃预热好的烤箱，烤 17 分钟后将烤盘调头，续烤 5 分钟至表面呈金黄色即可。

｛零失败秘诀｝

⫶ 冷藏后的面点，请以 150℃烤 12 分钟复热，即可食用。

⫶ 熟面粉吸水性强，内馅与熟面粉拌匀时，需要放置一段时间，让馅充分醒发才能使用。

材料

油皮

冷开水	80ml
细砂糖	40g
中筋面粉	200g
白油	80g

油酥

低筋面粉	140g
白油	70g

内馅

冬瓜糖	348g
糖粉	348g
肥猪肉（切小丁）	140g
猪油	70g
冷开水	70ml
盐	6g
生白芝麻	35g
熟面粉	174g

装饰

蛋黄（打散）	2 个

1　2-1　2-2　3-1

3-2　4-1　4-2　5

香妃酥

属性：油酥皮		数量：24 个	

火候：上火 180℃ / 下火 190℃ （单火185℃）

时间：烤 17 分钟 → 5 分钟

最佳品尝期：室温 3 天 / 冷藏 6 天

材料

油皮		糖粉	107g
冷开水	110ml	无盐奶油	57g
细砂糖	25g	盐	2g
中筋面粉	250g	全蛋	79g
白油	100g	低筋面粉	143g
油酥		装饰	
低筋面粉	160g	蛋清（打散）	2 个
白油	80g	椰子粉	20g
内馅			
椰子粉	57g		

做法

❶ 分别制作油皮和油酥。将油皮搓长后分为 24 等份，油酥搓长后分为 24 等份；取 1 份油皮包入 1 份油酥，擀卷 2 次，盖上保鲜膜，放置 15 分钟让面团醒发，即为油酥皮（详细步骤参见 P13～15）。

❷ 将椰子粉、糖粉、无盐奶油、盐、全蛋放入钢盆，混合拌匀，加入低筋面粉，拌匀成团状即为椰蓉馅，分为 24 等份，备用。

❸ 取 1 份油酥皮，擀成直径约 7 厘米的圆片，包入 1 份椰蓉馅，并包成圆形；收口捏紧后稍压，再擀成长椭圆形，以三折法对折成长方形；稍压一下，收口朝上，再擀成扁长方形。依序完成所有包馅与对折动作。

❹ 每个饼表面刷上一层蛋清，粘上一层椰子粉，再排入烤盘。

❺ 放入以上火 180℃ / 下火 190℃预热好的烤箱，烤 17 分钟后将烤盘调头，续烤 5 分钟至表面呈金黄色即可。

{ 零失败秘诀 }

冷藏后的面点，请以 150℃烤 12 分钟复热，即可食用。

折三折后要稍微压一下，可以防止烘烤时饼皮膨胀而影响外观。

柴梳饼

属性：油酥皮	数量：24 个
火候：上火 180℃ / 下火 190℃（单火 185℃）	
时间：烤 17 分钟→5 分钟	最佳品尝期：室温 2 天 / 冷藏 5 天

做法

❶ 分别制作油皮和油酥。将油皮搓长后分为 24 等份，油酥搓长后分为 24 等份；取 1 份油皮包入 1 份油酥，擀卷 2 次，盖上保鲜膜，放置 15 分钟让面团醒发，即为油酥皮（详细步骤参见 P13 ~ 15）。

❷ 将细砂糖、麦芽糖、无盐奶油、盐、全蛋放入钢盆，混合拌匀，加入低筋面粉、蒜末，拌匀成团状，即为内馅，分为 24 等份，备用。

❸ 取 1 份油酥皮，擀成直径约 7 厘米的圆片，包入 1 份内馅，并包成圆形；收口捏紧后稍微压扁，再擀成椭圆形，对折成半月形。依序完成所有包馅与对折动作。

❹ 将所有饼排入烤盘，在每个饼表面刷上一层蛋黄液，粘 1 片香菜叶。

❺ 放入以上火 180℃ / 下火 190℃预热好的烤箱，烤 17 分钟后将烤盘调头，续烤 5 分钟至表面呈金黄色即可。

{ 零失败秘诀 }

┊ 冷藏后的面点，请以 150℃烤 12 分钟复热，即可食用。

┊ 内馅的糖类、奶油拌匀后，再拌入低筋面粉、蒜末，这样可以混合得更均匀。

材料

油皮

冷开水	110ml
细砂糖	25g
中筋面粉	250g
白油	100g

油酥

低筋面粉	160g
白油	80g

内馅

细砂糖	71g
麦芽糖	47g
无盐奶油	47g
盐	2g
全蛋	47g
低筋面粉	237g
蒜头（切末）	47g

装饰

蛋黄（打散）	2 个
香菜叶	24 片

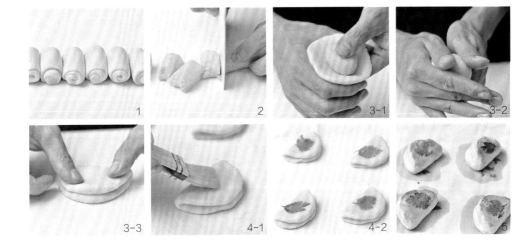

老公饼

属性：油酥皮　　　数量：10 个
火候：上火 190℃ / 下火 180℃（单火 185℃）
时间：烤 17 分钟→5 分钟
最佳品尝期：室温 2 天 / 冷藏 5 天

做法

① 分别制作油皮和油酥。将油皮搓长后分为 10 等份，油酥搓长后分为 10 等份；取 1 份油皮包入 1 份油酥，擀卷 2 次，盖上保鲜膜，放置 15 分钟让面团醒发，即为油酥皮（详细步骤参见 P13 ~ 15）。

② 将麦芽糖隔水加热，稍凉后与绵白糖、无盐奶油、盐混合拌匀，再加入蒜末，放入已过筛的熟面粉，充分拌匀。放置一旁醒发 20 分钟，即为蒜末糖馅，分为 10 等份，备用。

③ 取 1 份油酥皮，擀成直径约 7 厘米的圆片，包入 1 份蒜末糖馅，并包成圆形；收口捏紧后放入直径 8 厘米的压模，用杯子底部轻轻压进模子成平整的扁圆形，脱模。依序完成所有包馅与压模动作。

④ 将所有圆饼排入烤盘，均匀刷上蛋黄液，放置 5 分钟，用长竹签在油酥皮表面刺数个小洞，并均匀撒上生黑芝麻。

⑤ 放入以上火 190℃ / 下火 180℃预热好的烤箱，烤 17 分钟后将烤盘调头，续烤 5 分钟至表面呈金黄色即可。

{ 零失败秘诀 }

》熟面粉吸水性强，内馅与熟面粉拌匀后必须放置 20 分钟醒发，再包入油酥皮。

》老公饼与老婆饼之区别在于内馅的不同：老公饼添加蒜末，让甜馅具有咸味；而老婆饼则是添加冬瓜糖与肥猪肉丁，吃起来有颗粒感。

材料

油皮
冷开水	40ml
细砂糖	20g
中筋面粉	100g
白油	40g

油酥
低筋面粉	70g
白油	35g

内馅
麦芽糖	50g
绵白糖	190g
无盐奶油	120g
盐	4g
蒜头（切末）	60g
熟面粉	160g

装饰
蛋黄（打散）	2 个
生黑芝麻	5g

五仁酥饼

属性：油酥皮　　　　　　数量：18 个

火候：上火 200℃ / 下火 185℃（单火 190℃）

时间：烤 20 分钟→5 分钟

最佳品尝期：室温 1 天 / 冷藏 3 天

材料

油皮		糖粉	40g
冷水	120ml	橘饼丁	50g
细砂糖	30g	冬瓜糖丁	50g
中筋面粉	300g	金华火腿丁	50g
白油	120g	生白芝麻	30g
油酥		高粱酒	5ml
低筋面粉	250g	盐	2g
白油	125g	香油	8ml
内馅		熟面粉	40g
猪肥油	250g	装饰	
瓜子仁	50g	瓜子仁	10g
核桃仁	50g	核桃仁	10g
松子仁	50g	松子仁	10g
		蛋清（打散）	2 个

做法

❶ 分别制作油皮和油酥。将油皮搓长后分为 18 等份，油酥搓长后分为 18 等份，备用；取 1 份油皮包入 1 份油酥，制作油酥皮（详细步骤参见 P13 ~ 15）。

❷ 将猪肥油用长竹签刺数个小洞，放入滚水，以中小火煮至熟；捞起后泡入冷开水（材料外），待冷却，沥干后放入塑料袋，撒上少许细砂糖（材料外），抹均匀，放入冰箱冷藏两天；取出后切成小粒状，即为冰肉。

❸ 将内馅的瓜子仁、核桃仁、松子仁放入烤盘，以 180℃烤约 3 分钟，冷却后加入剩余的内馅材料和 50g 冰肉，充分拌匀。醒发 20 分钟，即为内馅，分为 18 等份，备用。

❹ 取 1 份油酥皮，擀成直径约 7 厘米的圆片，包入 1 份内馅，并包成圆形，收口捏紧。依序完成所有包馅动作。

❺ 将装饰的瓜子仁、核桃仁、松子仁混合均匀，即为综合坚果，每个饼表面刷上一层蛋清，粘一层综合坚果，再排入烤盘。

❻ 放入以上火 200℃ / 下火 185℃预热好的烤箱，烤 20 分钟后将烤盘调头，续烤 5 分钟上色即可。

萝卜酥

属性：油酥皮	数量：20 个
火候：上火 210℃ / 下火 180℃（单火 195℃）	
时间：烤 15 分钟 → 10 分钟	
最佳品尝期：室温 2 天 / 冷藏 5 天	

材料

油皮		内馅	
冷开水	114ml	白豆沙馅	240g
细砂糖	26g	（制作步骤参见 P21）	
中筋面粉	260g	干萝卜丝	200g
白油	104g	白胡椒粉	3g
油酥		细砂糖	5g
低筋面粉	170g	盐	2g
白油	85g	香油	5ml

做法

❶ 分别制作油皮和油酥。将油皮搓长后分为 20 等份，油酥搓长后分为 20 等份，白豆沙馅分为 20 等份，备用。取 1 份油皮包入 1 份油酥，擀卷 2 次，盖上保鲜膜，放置 15 分钟让面团醒发，即为油酥皮（详细步骤参见 P13～15）。

❷ 将干萝卜丝放入钢盆，加入白胡椒粉、细砂糖、盐、香油，混合抓匀，再分为 20 等份的萝卜丝馅。

❸ 将每份油酥皮对切，纹路面朝上，再分别擀成直径约 7 厘米的圆片，依序包入 1 份白豆沙馅、1 份萝卜丝馅，并包成圆形，收口捏紧，在饼的边缘稍微按压一下。依序完成所有包馅动作。

❹ 将所有萝卜丝饼排入烤盘，放入以上火 210℃ / 下火 180℃预热好的烤箱，烤 15 分钟后将烤盘调头，续烤 10 分钟至饼皮膨胀呈现一圈一圈的纹路，即可取出。

{ 零失败秘诀 }

┊ 冷藏后的面点，请以 150℃烤 12 分钟复热，即可食用。

┊ 烘烤至萝卜酥皮向上膨胀，形成一圈圈纹路时，就可以停止烘烤，取出后待冷却。

芋头酥

| 属性：油酥皮 | 数量：10 个 |
| 火候：上火 210℃ / 下火 180℃（单火 195℃） |
| 时间：烤 15 分钟→ 10 分钟　最佳品尝期：室温 3 天 / 冷藏 6 天 |

做法

① 将冷开水、细砂糖倒入钢盆，稍微拌匀，加入芋头色膏充分拌匀，再放入中筋面粉、白油，拌匀后揉成不黏手的团状。盖上保鲜膜，放置 20 分钟让面团醒发，即为油皮。

② 将低筋面粉、白油放入钢盆，拌匀后揉成无面粉颗粒的团状，即为油酥。

③ 油皮搓长后分为 10 等份，油酥搓长后分为 10 等份。取 1 份油皮包入 1 份油酥，擀卷 2 次，依序完成所有包酥动作。盖上保鲜膜，放置 15 分钟让面团醒发，即为油酥皮（详细步骤参见 P13 ～ 15）。

④ 将芋头馅分为 10 等份，备用。

⑤ 将每份油酥皮对切，纹路面朝上，再分别擀成直径约 7 厘米的圆片，包入 1 份芋头馅，并包成圆形，收口捏紧，在饼的边缘稍微按压一下。依序完成所有包馅动作。

⑥ 将所有芋头酥排入烤盘，放入以上火 210℃ / 下火 180℃ 预热好的烤箱，烤 15 分钟后将烤盘调头，续烤 10 分钟至饼皮膨胀并形成一圈一圈的纹路，即可取出。

材料

油皮

冷开水	114ml
细砂糖	26g
芋头色膏	2g
中筋面粉	260g
白油	104g

油酥

| 低筋面粉 | 170g |
| 白油 | 85g |

内馅

| 芋头馅 | 240g |

{ 零失败秘诀 }

‖ 冷藏后的面点，请以 150℃烤 12 分钟复热，即可食用。

‖ 烘烤芋头酥时，当饼皮向上膨胀并形成一圈一圈的纹路，即可取出放凉。

‖ 芋头馅可以到烘焙材料店购买成品，也可取 300g 新鲜芋头，去皮后切片，放入电饭锅蒸熟，趁热压成泥，拌入 30g 细砂糖，冷却后即可使用。

咖喱饺

属性：油酥皮　　　　　　数量：18 个

火候：上火 200℃ / 下火 185℃（单火 190℃）

时间：烤 20 分钟→5 分钟

最佳品尝期：室温 1 天 / 冷藏 3 天

做法

❶ 分别制作油皮和油酥。将油皮搓长后分为 18 等份，油酥搓长后分为 18 等份，备用；取 1 份油皮包入 1 份油酥，擀卷 2 次，盖上保鲜膜，放置 15 分钟让面团醒发，即为油酥皮（详细步骤参见 P13 ~ 15）。

❷ 热锅，倒入色拉油，放入洋葱丁，以小火炒香，加入猪绞肉炒至肉变白，倒入咖喱粉、酱油、细砂糖，拌炒至熟且收汁，即为咖喱肉馅。盛盘后待冷却。

❸ 取 1 份油酥皮，擀成直径约 7 厘米的圆片，包入约 30g 咖喱肉馅，收口捏紧成半月形，再从面皮尾端慢慢捏成花边形状，即为咖喱饼。依序完成所有包馅与捏花边动作。

❹ 将所有咖喱饼排入烤盘，均匀刷上蛋黄液，放置 5 分钟，用长竹签在表面刺数个小洞，并均匀撒上生黑芝麻。

❺ 放入以上火 200℃ / 下火 185℃预热好的烤箱，烤 20 分钟后将烤盘调头，续烤 5 分钟至表面呈金黄色。

{ 零失败秘诀 }

▏冷藏后的面点，请以 150℃烤 12 分钟复热，即可食用。

▏咖喱肉馅需要炒干一点，可避免烘烤时产生饼皮渗湿及爆馅的状况。

▏在包馅的饼皮表面均匀刺数个小洞，能产生气孔，防止烘烤时馅料爆出。

食材

油皮	
冷开水	120ml
细砂糖	30g
中筋面粉	300g
白油	120g
油酥	
低筋面粉	250g
白油	125g
内馅	
色拉油	10ml
洋葱（切小丁）	100g
猪绞肉	500g
咖喱粉	3g
酱油	10ml
细砂糖	10g
装饰	
蛋黄（打散）	2 个
生黑芝麻	5g

凤梨酥

属性：糕浆皮	数量：30 个

火候：上火 190℃ / 下火 200℃（单火 195℃）

时间：烤 12 分钟 → 8 分钟

最佳品尝期：室温 3 天 / 冷藏 6 天

材料

糕浆皮

		低筋面粉	245g
细砂糖	73g	泡打粉	1g
无盐奶油	171g	**内馅**	
盐	3g	菠萝馅	360g
奶粉	12g	（制作步骤参见 P23）	
全蛋	62g		

做法

❶ 将细砂糖、无盐奶油、盐拌匀，加入奶粉、全蛋混合拌匀，接着加入已过筛的低筋面粉、泡打粉，拌匀后揉成不黏手的团状。盖上保鲜膜，放置 20 分钟让面团醒发，即为糕浆皮。

❷ 将糕浆皮搓长后分为 30 等份，菠萝馅分为 30 等份，备用。

❸ 取 1 份糕浆皮压扁，包入 1 份菠萝馅，并包成圆形，收口捏紧后搓成椭圆形，再压入凤梨酥压模。依序完成所有包馅与压造型动作。

❹ 将凤梨酥连同压模一起排入烤盘，放入以上火 190℃ / 下火 200℃预热好的烤箱，烤 12 分钟后取出烤盘，将每个凤梨酥翻面并脱模，续烤 8 分钟至两面呈金黄色即可。

{ 零失败秘诀 }

〉 冷藏后的面点，请以 150℃烤 12 分钟复热，即可食用。

〉 凤梨酥烘烤时，糕浆皮会稍微膨胀，必须在胀裂前进行翻面动作，这样能让两面形成平整面。

2-1

2-2

3-1

3-2

3-3

鹿港口酥饼

属性：糕浆皮　　　　　　数量：52 个

火候：上火 190℃／下火 180℃（单火 185℃）

时间：烤 15 分钟→5 分钟

最佳品尝期：室温 3 天／冷藏 6 天

材料

糕浆皮		碳酸氢铵	3g
绵白糖	125g	低筋面粉	500g
细砂糖	175g	泡打粉	3g
猪油	300g	转化糖浆	25ml
盐	5g	装饰	
全蛋	25g	蛋清（打散）	20g
小苏打粉	6g	杏仁角	100g

做法

❶ 将绵白糖、细砂糖、猪油、盐放入钢盆，混合拌匀；另将全蛋、小苏打粉及碳酸氢铵拌匀后倒入钢盆，混合拌匀；加入已过筛的低筋面粉、泡打粉拌匀，最后倒入转化糖浆拌匀后，揉成不黏手的团状。盖上保鲜膜，放置 20 分钟让面团醒发，即为糕浆皮。

❷ 将糕浆皮分割成 4 份，分别用手搓揉成圆柱状（直径约 3 厘米），用烘焙纸包裹后放入冰箱，冷冻约 1 小时至硬。

❸ 取出糕浆皮，切成 2 厘米长的小段，为每份小面团刷上一层蛋清，均匀粘裹一层杏仁角。杏仁角面朝上排入烤盘。

❹ 放入以上火 190℃／下火 180℃预热好的烤箱，烤 15 分钟后将烤盘调头，续烤 5 分钟至表面呈金黄色即可。

{ 零失败秘诀 }

｜ 冷藏后的面点可以直接吃，也可以以 150℃烤 12 分钟复热，即可食用。

｜ 杏仁角可以换成花生仁碎，会有不同风味。

｜ 糕浆皮面团冷冻后必须立刻切，并且马上放入烤箱烘烤，以防止奶油溶化而影响外形。

大甲奶油酥饼

属性: 油酥皮　　　数量: 15 个
火候: 上火 185℃ / 下火 200℃（单火 190℃）
时间: 烤 20 分钟 → 5 分钟
最佳品尝期: 室温 5 天 / 冷藏 8 天

材料

油皮		内馅	
冷开水	225ml	麦芽糖	125g
糖粉	50g	糖粉	375g
中筋面粉	500g	无盐奶油	100g
无盐奶油	200g	盐	5g
油酥		牛奶	60ml
低筋面粉	350g	低筋面粉	125g
无盐奶油	175g		

做法

❶ 将冷开水、糖粉倒入钢盆，稍微拌匀，加入中筋面粉、无盐奶油，拌匀后揉成不黏手的团状。盖上保鲜膜，放置 20 分钟让面团醒发，即为油皮。

❷ 将低筋面粉、无盐奶油放入钢盆，拌匀后揉成无面粉颗粒的团状，即为油酥，备用。

❸ 将油皮搓长后分为 15 等份，油酥搓长后分为 15 等份。

❹ 取 1 份油皮包入 1 份油酥，擀卷 2 次，盖上保鲜膜，放置 15 分钟让面团醒发，即为油酥皮（详细步骤参见 P13 ~ 15）。

❺ 将麦芽糖、糖粉、无盐奶油、盐、牛奶放入钢盆，混合拌匀，加入低筋面粉，拌匀至成团，即为内馅，分为 15 等份，备用。

❻ 取 1 份油酥皮，擀成直径约 8 厘米的圆片，包入 1 份内馅，并包成圆形，收口捏紧后成椭圆形，再擀成直径约 12 厘米的圆形，排入烤盘。依序完成所有包馅与擀制动作。

❼ 用利刀在饼皮表面轻划两刀，放入以上火 185℃ / 下火 200℃ 预热好的烤箱，烤 20 分钟后将烤盘调头，续烤 5 分钟至表面呈金黄色即可。

{ 零失败秘诀 }

在奶油酥饼表皮划上两刀，可以防止其受热膨胀时内馅爆开。

糖麻花

属性：油炸发酵面团	数量：30 支
火候：140℃～160℃→小火	
时间：炸 2～3 分钟→炒 1 分钟	
最佳品尝期：现炸现吃／室温 3 天	

做法

❶ 将全蛋、碳酸氢铵、小苏打粉与烧明矾混合拌匀，即为膨胀液；将冷开水、速溶酵母倒入钢盆中，拌匀至酵母溶解；放入细砂糖、色拉油、盐，加入已过筛的低筋面粉、中筋面粉及拌匀的膨胀液，充分拌匀成不黏手的面团。盖上保鲜膜，放置 25 分钟让面团醒发。

❷ 取出面团，搓长后分为 30 等份，每份小面团收圆后搓成约 40 厘米的细长条。每条对折后，慢慢旋转成辫子样麻花卷，依序完成所有麻花卷。盖上保鲜膜，放置 10 分钟待醒发。

❸ 取适量色拉油（材料外）倒入锅中，加热至 140℃～160℃，放入麻花卷面团，炸至呈金黄色，捞起后沥干油分，取出后摊平，待冷却。

❹ 将细砂糖、冷开水放入锅中，以小火煮至细砂糖溶解，当冒出大量小泡泡，而且温度在 115℃～118℃时即为糖浆（木匙上会有小泡泡且在 3 秒钟内不消失）。

❺ 将放凉的麻花卷放入糖浆锅中，快速拌匀至拉丝并出现返砂现象，即可取出。

﹛ 零失败秘诀 ﹜

⦂ 建议这道面点当天食用完毕，或装入夹链袋、密封罐，室温下于 3 天内食用完毕，口感较佳。

⦂ 麻花卷面团需要较长的时间醒发，当无法搓长时，则需要再醒发 5 分钟。

材料

面团

全蛋	20g
碳酸氢铵	2g
小苏打粉	2g
烧明矾	2g
冷开水	200ml
速溶酵母	2g
细砂糖	8g
色拉油	4ml
盐	4g
低筋面粉	280g
中筋面粉	120g

装饰

细砂糖	63g
冷开水	25ml

栗子酥

属性：油酥皮　　　　　数量：18 个

火候：上火 200℃ / 下火 185℃（单火 190℃）

时间：烤 20 分钟→5 分钟　　最佳品尝期：室温 3 天 / 冷藏 6 天

做法

❶ 分别制作油皮和油酥。将油皮搓长后分为 18 等份，油酥搓长后分为 18 等份；取 1 份油皮包入 1 份油酥，擀卷 2 次，盖上保鲜膜，放置 15 分钟让面团醒发，即为油酥皮（详细步骤参见 P13 ~ 15）。

❷ 将红豆沙馅分为 18 等份，分别包入 1 个糖渍栗子后收圆，备用。

❸ 取 1 份油酥皮，擀成直径约 7 厘米的圆片，包入 1 份红豆沙栗子馅，并包成圆形，收口捏紧。依序完成所有包馅动作。

❹ 每个饼表面刷上一层蛋清，粘上一层椰子粉，再排入烤盘，放入以上火 200℃ / 下火 185℃ 预热好的烤箱，烤 20 分钟后将烤盘调头，续烤 5 分钟至表面呈金黄色即可。

｛零失败秘诀｝

┊ 冷藏后的面点，请以 150℃烤 12 分钟复热，即可食用。

┊ 红豆沙馅也可以换成白豆沙馅（配方及做法参见 P21）。

┊ 由于每台烤箱的烘烤温度会有些许差异，建议看到栗子酥表面已经上色后，当有一两个边缘呈现微裂时，就可以取出了。

材料

油皮

冷开水	120ml
细砂糖	30g
中筋面粉	300g
白油	120g

油酥

低筋面粉	250g
白油	125g

内馅

红豆沙馅	540g
（制作步骤参见 P20）	
糖渍栗子	18 个

装饰

蛋清（打散）	2 个
椰子粉	20g

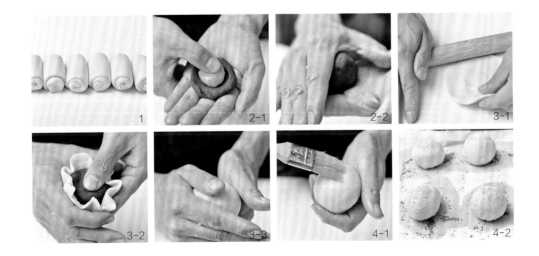

1　2-1　2-2　3-1

3-2　3-3　4-1　4-2

太阳饼

属性：油酥皮　　　　　　数量：20 个
火候：上火 185℃ / 下火 200℃→上火 200℃ / 下火
　　　200℃（单火 190℃→200℃）
时间：烤 15 分钟→8 分钟
最佳品尝期：室温 3 天 / 冷藏 6 天

材料

油皮		内馅	
冷开水	150ml	麦芽糖	40g
细砂糖	33g	糖粉	156g
中筋面粉	330g	无盐奶油	40g
白油	132g	盐	4g
油酥		冷开水	12ml
低筋面粉	220g	低筋面粉	78g
白油	110g		

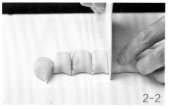

做法

❶ 分别制作油皮和油酥。将油皮搓长后分为 20 等份，油酥搓长后分为 20 等份，备用；取 1 份油皮包入 1 份油酥，擀卷 2 次，盖上保鲜膜，放置 15 分钟让面团醒发，即为油酥皮（详细步骤参见 P13 ～ 15）。

❷ 将麦芽糖、糖粉、无盐奶油、冷开水、盐放入钢盆，混合拌匀，加入低筋面粉，拌匀成团状，即为糖馅，分为 20 等份，备用。

❸ 取 1 份油酥皮，擀成直径约 7 厘米的圆片，包入 1 份糖馅，并包成圆形，收口捏紧后稍压，再擀成直径约 10 厘米的扁圆形，排入烤盘。依序完成所有包馅动作。

❹ 放入以上火 185℃ / 下火 200℃预热好的烤箱，烤 15 分钟后将烤盘调头，调整温度为上火 200℃ / 下火 200℃，续烤 8 分钟即可。

{零失败秘诀}

┊ 冷藏后的面点，请以 150℃烤 12 分钟复热，即可食用。
┊ 太阳饼在擀制前能醒面较长的时间更佳，烘烤时内馅更不容易爆裂。

新竹竹堑饼

属性：糕浆皮	数量：29 个
火候：上火 180℃ / 下火 180℃（单火 180℃）	
时间：烤 12 分钟→5 分钟	
最佳品尝期：室温 3 天 / 冷藏 6 天	

材料

糕浆皮

无盐奶油	65g	麦芽糖	62g
转化糖浆	87ml	盐	2g
糖粉	43g	冰肉末	124g
全蛋	33g	冬瓜糖（切碎）	62g
盐	2g	芝士粉	21g
低筋面粉	217g	油葱酥	62g
泡打粉	2g	生白芝麻	41g
		糕仔粉	41g
内馅		熟面粉	41g
无盐奶油	41g	**装饰**	
糖粉	103g	蛋黄（打散）	2 个

做法

❶ 将无盐奶油、转化糖浆、糖粉、全蛋、盐拌匀，加入已过筛的低筋面粉、泡打粉，拌匀后揉成不黏手的团状。盖上保鲜膜，放置 20 分钟让面团醒发，即为糕浆皮。

❷ 将无盐奶油、糖粉、麦芽糖、盐、冰肉末、冬瓜糖碎、芝士粉、油葱酥、生白芝麻放入钢盆，混合拌匀；再加入已过筛的糕仔粉、熟面粉拌匀，盖上保鲜膜，放置 20 分钟让内馅醒发。

❸ 将糕浆皮搓长后分为 29 等份，内馅分为 29 等份，备用。

❹ 取 1 份糕浆皮压扁，包入 1 份内馅，并包成圆形，收口捏紧后稍微压扁。依序完成所有包馅与压扁动作。

❺ 排入烤盘，刷上一层蛋黄液，放入以上火 180℃ / 下火 180℃ 预热好的烤箱，烤 12 分钟后将烤盘调头，续烤 5 分钟至表面呈金黄色即可。

{ 零失败秘诀 }

┊ 冷藏后的面点，请以 150℃烤 12 分钟复热，即可食用。

┊ 糕浆皮在分割前必须揉至光滑，这样糕浆皮才会更细致。

芝麻喜饼

属性：油皮类　　　　　数量：8 个

火候：上火 190℃ / 下火 185℃（单火 185℃）

时间：烤 22 分钟→2 分钟

最佳品尝期：室温 1 天 / 冷藏 3 天

做法

❶ 将冷开水、细砂糖倒入钢盆，稍微拌匀，加入中筋面粉、白油，拌匀后揉成不黏手的团状，盖上保鲜膜，放置 20 分钟让面团醒发，即为油皮；油皮搓长后分为 8 等份，整圆备用。

❷ 将除了熟面粉之外的内馅材料放入钢盆，混合拌匀，加入已过筛的熟面粉，充分拌匀成团，即为冬瓜糖肉馅；将冬瓜糖肉馅分为 8 等份，整圆备用。

❸ 取 1 份油皮，擀成直径约 10 厘米的圆片，包入 1 份冬瓜糖肉馅，并包成圆形，收口捏紧，收口朝下再擀成直径约 12 厘米的圆形。依序完成所有包馅与擀制动作。

❹ 在每个肉饼表面刷上一层冷开水（材料外），粘上一层生白芝麻（材料外），将芝麻面朝下排入烤盘，用长竹签在没有芝麻的那一面刺数个小洞。

❺ 放以上火 190℃ / 下火 185℃预热好的烤箱，烤 22 分钟至金黄色后取出烤盘，将饼翻面，放入烤箱，续烤 2 分钟即可。

{ 零失败秘诀 }

⸝ 冷藏后的面点，请以 150℃烤 12 分钟复热，即可食用。

⸝ 在饼皮上刺数个小洞，在烘烤时可以防止饼皮膨胀而产生爆馅状况。

材料

油皮

冷开水	71ml
细砂糖	36g
中筋面粉	178g
白油	71g

内馅

细砂糖	182g
无盐奶油	73g
芝士粉	18g
盐	2g
奶粉	36g
肥猪肉丁	182g
冬瓜糖（切碎）	291g
生白芝麻	36g
葡萄干（切碎）	18g
麦芽糖	46g
熟面粉	182g

鹿港牛舌饼

属性：	油酥皮	数量：36 个
火候：	上火 190℃ / 下火 185℃（单火 185℃）	
时间：	烤 15 分钟→5 分钟	最佳品尝期：室温 3 天 / 冷藏 5 天

做法

❶ 将冷开水、细砂糖倒入钢盆，稍微拌匀，加入中筋面粉、无盐奶油，拌匀后揉成不黏手的团状。盖上保鲜膜，放置 20 分钟让面团醒发，即为油皮。

❷ 将低筋面粉、无盐奶油放入钢盆，拌匀后揉成无面粉颗粒的团状，即为油酥，备用。

❸ 将油皮搓长后分为 36 等份，油酥搓长后分为 36 等份，备用。

❹ 取 1 份油皮包入 1 份油酥，擀卷 2 次，盖上保鲜膜，放置 15 分钟让面团醒发，即为油酥皮（详细步骤参见 P13 ~ 15）。

❺ 将木薯淀粉、糖粉、麦芽糖、冷开水、盐、无盐奶油放入钢盆，混合拌匀，加入已过筛的低筋面粉、熟面粉，拌匀至成团，即为内馅，将其分为 36 等份，备用。

❻ 取 1 份油酥皮，擀成直径约 7 厘米的圆片，包入 1 份内馅，并包成圆形，收口捏紧后成椭圆形，再擀成厚约 0.2 厘米的长椭圆形，排入烤盘。依序完成所有包馅与擀制动作。

❼ 放入以上火 190℃ / 下火 185℃预热好的烤箱，烤 15 分钟后将烤盘调头，续烤 5 分钟至表面呈金黄色即可。

｛零失败秘诀｝

⁂ 牛舌饼的厚薄及大小，可以依个人喜好来调整，其口感也会有所不同。

材料

油皮

冷开水	200ml
细砂糖	40g
中筋面粉	400g
无盐奶油	140g

油酥

低筋面粉	240g
无盐奶油	120g

内馅

木薯淀粉	28g
熟面粉	20g
糖粉	240g
麦芽糖	120g
冷开水	60ml
盐	4g
无盐奶油	50g
低筋面粉	200g

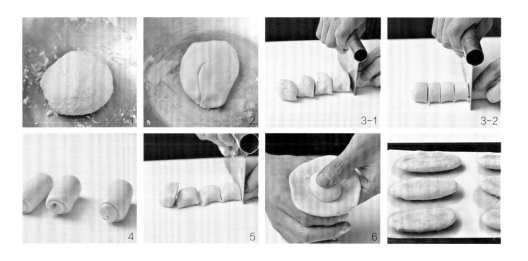

嘉义方块酥

| 属性：油皮类 | 数量：40 片 |

火候：上火 200℃ / 下火 180℃→上火 100℃ / 下火 0℃
　　　（单火 190℃→ 100℃）

时间：烤 20 分钟 → 10 分钟

最佳品尝期：室温 4 天 / 冷藏 7 天

材料

油皮		内馅	
冷开水	140ml	低筋面粉	440g
细砂糖	20g	粗粒白砂糖	200g
盐	2g	猪油	260g
中筋面粉	200g	盐	4g
猪油	4g	装饰	
		生白芝麻	20g

做法

❶ 将冷开水、细砂糖、盐倒入钢盆，稍微拌匀，加入中筋面粉、猪油，拌匀后揉成不黏手的团状。盖上保鲜膜，放置 20 分钟让面团醒发，即为油皮。

❷ 将低筋面粉、粗粒白砂糖、猪油、盐倒入钢盆，混合拌匀成团状。盖上保鲜膜，放置 20 分钟让面团醒发，即为糖酥馅。

❸ 将油皮擀成大圆片，放上糖酥馅，包裹完成后捏紧收口。

❹ 包馅后再擀成长椭圆形，以三折法叠成长方形，转 90 度后翻面，使收口朝上，擀折第二次；转 90 度后翻面，使收口朝上，擀折第三次；转 90 度后翻面，使收口朝上，擀折第四次。盖上保鲜膜，放置 15 分钟让面团醒发。

❺ 将醒发完成的油酥皮擀成厚约 0.2 厘米的长方形，用长竹签在表面刺小洞，刷上一层冷开水（材料外），均匀撒上生白芝麻，再切成边长约为 5 厘米的正方形，约可切成 40 片。

❻ 将芝麻面朝上排入烤盘，放入以上火 200℃ / 下火 180℃预热好的烤箱，烤 20 分钟后将烤盘调头，调整成上火 100℃（下火关掉），续烤 10 分钟至表面呈金黄色即可。

｛零失败秘诀｝

》 油酥皮刺洞时，洞与洞之间必须有间隔且均匀，也可以用吃饭的不锈钢叉子刺洞，可节省时间。

》 每台烤箱的温度效能会有差异，可比提出的建议时间早 5 分钟，透过烤箱门观察烘烤状态。

花莲薯

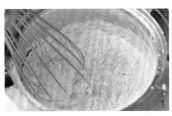

属性：糕浆皮	数量：22 个

火候：上火 190℃ / 下火 190℃（单火 190℃）

时间：烤 10 分钟→3 分钟

最佳品尝期：室温 3 天 / 冷藏 6 天

材料

糕浆皮

蜂蜜	35ml
麦芽糖	15g
色拉油	15ml
全蛋	180g
糖粉	150g
低筋面粉	300g
奶粉	30g
泡打粉	1g
小苏打粉	1g

内馅

番薯馅	440g

（制作步骤参见 P24）

装饰

蛋黄（打散）	2 个

做法

❶ 将蜂蜜、麦芽糖以小火加热至溶化，先加入色拉油拌匀，再分次加入全蛋拌匀；加入过筛的糖粉，用打蛋器充分打匀；再加入过筛的低筋面粉、奶粉、泡打粉、小苏打粉，拌匀后揉成不黏手的团状。盖上保鲜膜，放置 20 分钟让面团醒发，即为糕浆皮。

❷ 将糕浆皮搓长后分为 22 等份，番薯馅分为 22 等份，备用。

❸ 取 1 份糕浆皮压扁，包入 1 份番薯馅，并包成圆形，收口捏紧后整成椭圆形。依序完成所有包馅与整形动作。

❹ 均匀刷上蛋黄液，放入以上火 190℃ / 下火 190℃预热好的烤箱，烤 10 分钟后将烤盘调头，续烤 3 分钟至上色即可。

﹛零失败秘诀﹜

┊ 冷藏后的面点，请以 150℃烤 12 分钟复热，即可食用。

┊ 糕浆皮类面团经过搓长，并且包入内馅后稍微整形，其成品才会更细致。

桃酥

材料

糕浆皮

低筋面粉	500g
泡打粉	3g
小苏打粉	6g
白油	250g
绵白糖	150g
细砂糖	100g
盐	3g
全蛋	50g
碳酸氢铵	3g

装饰

蛋黄（打散）	2个
核桃仁（切碎）	75g

属性：糕浆皮	数量：21 个
火候：上火 200℃ / 下火 160℃（单火 180℃）	
时间：烤 15 分钟 → 15 分钟	
最佳品尝期：室温 3 天 / 冷藏 6 天	

做法

❶ 将低筋面粉、泡打粉、小苏打粉一起过筛于钢盆，加入其他面团材料，拌匀后揉成不黏手的团状。盖上保鲜膜，放置 20 分钟让面团醒发，即为糕浆皮。将糕浆皮搓成长条，分为 21 等份，收圆后稍微压扁，用拇指在饼干面团表面压一个凹洞，再排入烤盘。

❷ 刷上一层蛋黄液，粘上核桃仁碎，放入以上火 200℃ / 下火 160℃ 预热好的烤箱，烤 15 分钟后将烤盘调头，续烤 15 分钟至表面呈金黄色即可。

｛零失败秘诀｝

糕浆皮排烤盘时要隔开，避免造成桃酥黏在一起。

1-1

1-2

2

面团

细砂糖	128g
全蛋	192g
中筋面粉	400g
传统板豆腐	200g
生黑芝麻	32g
盐	2g

巧果

属性：油炸面团	数量：60 片
油温：180℃	
时间：炸 1 ~ 2 分钟	
最佳品尝期：现炸现吃 / 室温 3 天	

做法

❶ 将细砂糖、全蛋放入钢盆，加入已过筛的中筋面粉，放入捏碎的传统板豆腐，充分拌匀成不黏手的面团。盖上保鲜膜，放置 20 分钟让面团醒发。

❷ 取出面团后压扁，擀成厚约 0.2 厘米的长方形面皮，将面皮四周修成工整的长方形，再切成宽约 3 厘米的长条。取 3 ~ 4 片面片相叠，横放后切成长约 5 厘米的小段，将面片一一分散，并去除多余的面粉，备用。

❸ 取适量色拉油（材料外）倒入锅中，加热至 180℃，放入制作好的面片，炸 1 ~ 2 分钟至金黄色，捞起后沥干油分即可。

{ 零失败秘诀 }

油炸时必须一直翻动面片，使面片受热均匀，色泽才会均匀。

澎湖冬瓜糕

属性: 油酥皮	数量: 20 个

火候: 上火 200℃ / 下火 180℃（单火 190℃）

时间: 烤 17 分钟→5 分钟　最佳品尝期: 室温 2 天 / 冷藏 5 天

做法

❶ 分别制作油皮和油酥。将油皮搓长后分为 20 等份，油酥搓长后分为 20 等份，备用；取 1 份油皮包入 1 份油酥，擀卷 2 次，盖上保鲜膜，放置 15 分钟让面团醒发，即为油酥皮（详细步骤参见 P13 ~ 15）。

❷ 将冬瓜酱、无盐奶油、生白芝麻放入钢盆，混合拌匀即为冬瓜馅，分为 20 等份，备用。

❸ 取 1 份油酥皮，擀成直径约 7 厘米的圆片，包入 1 份冬瓜馅，并包成圆形。收口捏紧后，擀成直径约 7 厘米的圆形。依序完成所有包馅与擀制动作。

❹ 将所有圆饼排入烤盘，均匀刷上蛋黄液，放置 5 分钟，用长竹签在表面刺数个小洞，均匀撒上生白芝麻。

❺ 放入以上火 200℃ / 下火 180℃ 预热好的烤箱，烤 17 分钟后将烤盘调头，续烤 5 分钟至表面呈金黄色即可。

{ 零失败秘诀 }

┊ 冷藏后的面点，请以 150℃ 烤 12 分钟复热，即可食用。

┊ 冬瓜酱可以在烘焙材料店购买成品，或是利用书中的菠萝馅（详细步骤参见 P23）代替，亲手做会更卫生。

材料

油皮

冷开水	80ml
细砂糖	40g
中筋面粉	200g
白油	80g

油酥

低筋面粉	140g
白油	70g

内馅

冬瓜酱	1000g
生白芝麻	50g
无盐奶油	20g

装饰

蛋黄（打散）	2 个
生白芝麻	5g

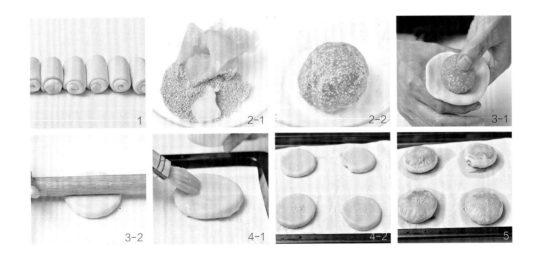

1　2-1　2-2　3-1

3-2　4-1　4-2　5

糖鼓烧饼

属性：发酵油酥皮	数量：20 个

火候：上火 190℃ / 下火 200℃（单火 195℃）

时间：烤 15 分钟→5 分钟

最佳品尝期：室温 2 天 / 冷藏 5 天

材料

油皮		内馅	
冷开水	280ml	无盐奶油	47g
速溶酵母	5g	低筋面粉	24g
细砂糖	30g	绵白糖	235g
中筋面粉	500g	生白芝麻	24g
白油	20g	装饰	
油酥		生白芝麻	10g
低筋面粉	266g		
白油	134g		

做法

❶ 将冷开水、速溶酵母倒入钢盆，拌匀至酵母溶解，加入细砂糖、中筋面粉、白油，拌匀后揉成不黏手的团状。盖上保鲜膜，放置 20 分钟让面团醒发，即为油皮。

❷ 将低筋面粉、白油放入钢盆，拌匀后揉成无面粉颗粒的团状，即为油酥。

❸ 将油皮搓长后分为 20 等份，油酥搓长后分为 20 等份，备用。取 1 份油皮包入 1 份油酥，擀卷 2 次，盖上保鲜膜，放置 15 分钟让面团醒发，即为油酥皮。

❹ 将内馅的所有材料放入钢盆，充分拌匀，再分为 20 等份，分别捏紧成小团，备用。

❺ 取 1 份油酥皮，擀成直径约 7 厘米的圆片，包入 1 份内馅，并包成圆形，收口捏紧后擀成椭圆形。依序完成所有包馅与擀制动作。

❻ 在每个饼皮表面刷上一层冷开水（材料外），粘上一层生白芝麻，将芝麻面朝上排入烤盘，放置 20 分钟让面团醒发。放入以上火 190℃ / 下火 200℃预热好的烤箱，烤 15 分钟后将烤盘调头，续烤 5 分钟至表面呈金黄色即可。

{ 零失败秘诀 }

该糖馅质地较松散，可先用力捏紧成团，再进行包馅动作。

卤肉饼

属性：油酥皮	数量：6 个

火候：上火 190℃ / 下火 185℃（单火 185℃）

时间：烤 22 分钟→2 分钟　　最佳品尝期：室温 1 天 / 冷藏 3 天

做法

❶ 分别制作油皮和油酥；将油皮搓长后分为 6 等份，油酥搓长后分为 6 等份，备用；取 1 份油皮包入 1 份油酥，擀卷 2 次，盖上保鲜膜，放置 15 分钟让面团醒发，即为油酥皮（详细步骤参见 P13 ~ 15）。

❷ 热锅，倒入色拉油，放入小葱段，以小火炒香，加入冰糖、酱油、冷开水、米酒、细砂糖、卤包及猪后腿肉；以中小火卤约 30 分钟至入味，收汁，关火后冷却；将卤肉捞起后切小丁，与油葱酥拌匀，即为卤肉馅。

❸ 将绿豆沙馅放入钢盆，用手抓松散，与卤肉馅混合拌匀，分成 6 份，再揉成团状，即为内馅。

❹ 取 1 份油酥皮，擀成直径约 10 厘米的圆片，包入 1 份内馅，并包成圆形，收口捏紧，收口朝下再擀成直径约 12 厘米的圆形。依序完成所有包馅与擀制动作。

❺ 在每个卤肉饼表面刷上一层冷开水（材料外），粘上一层生白芝麻，将芝麻面朝下排入烤盘，用利刀在没有芝麻那一面划两刀。

❻ 放入以上火 190℃ / 下火 185℃预热好的烤箱，烤 22 分钟至金黄色后取出烤盘，将卤肉饼翻面，放入烤箱，续烤 2 分钟即可。

{ 零失败秘诀 }

┊ 冷藏后的面点，请以 150℃烤 12 分钟复热，即可食用。

┊ 卤肉时要等卤汁完全收干，再拌入油葱酥，这样烘烤时才不会爆馅。

材料

油皮

冷开水	120ml
细砂糖	30g
中筋面粉	300g
无盐奶油	120g

油酥

低筋面粉	250g
无盐奶油	125g

内馅

猪后腿肉（切小块）	400g
色拉油	10ml
小葱（切段）	50g
冰糖	20g
酱油	40ml
冷开水	160ml
米酒	20ml
细砂糖	10g
卤包	1 包
油葱酥	30g
绿豆沙馅（制作步骤参见 P21）	900g

装饰

生白芝麻	60g

1　2　3　4-1

4-2　5-1　5-2　6

菊花酥

属性：油酥皮	数量：20 个

火候：上火 210℃ / 下火 185℃（单火 195℃）

时间：烤 15 分钟→5 分钟

最佳品尝期：室温 3 天 / 冷藏 6 天

材料

油皮		内馅	
冷开水	95ml	奶油红豆沙馅	400g
细砂糖	22g	（制作步骤参见 P20）	
中筋面粉	217g		
白油	87g	装饰	
油酥		蛋黄（打散）	1 个
低筋面粉	140g	生白芝麻	5g
白油	70g		

做法

❶ 分别制作油皮和油酥。将油皮搓长后分为 20 等份，油酥搓长后分为 20 等份；取 1 份油皮包入 1 份油酥，擀卷 2 次，盖上保鲜膜，放置 15 分钟让面团醒发，即为油酥皮（详细步骤参见 P13 ~ 15）。

❷ 将奶油红豆沙馅分为 20 等份，备用。

❸ 取 1 份油酥皮，擀成直径约 7 厘米的圆片，包入 1 份奶油红豆沙馅，并包成圆形，收口捏紧。依序完成所有包馅动作。

❹ 将每个饼皮稍微压扁，擀成直径约 7 厘米的圆形，用直径约 2 厘米的擀面杖在饼皮中心点轻轻压出一个圆圈；用剪刀朝着中心点先剪出十字，把饼分成 4 等份，每 1 等份再各剪两刀，形成 12 等份；将饼皮翻转过来，让奶油红豆沙馅那一面朝上。

❺ 将所有菊花饼排入烤盘，在中心点刷上一层蛋黄液，撒上生白芝麻。

❻ 放入以上火 210℃ / 下火 185℃ 预热好的烤箱，烤 15 分钟后将烤盘调头，续烤 5 分钟至表面呈金黄色即可。

{ 零失败秘诀 }

冷藏后的面点，请以 150℃烤 12 分钟复热，即可食用。

剪成菊花形时，必须注意每份的花瓣要一样大，这样烘烤出来的饼才会漂亮。

咸蛋糕

属性：发粉面糊
数量：2份（长20厘米×宽10厘米×高6厘米蛋糕模）
火候：小火→小火→大火
时间：蒸15分钟→15分钟→10分钟
最佳品尝期：室温1天/冷藏3天

材料

面糊		内馅	
蛋清	300g	色拉油	10ml
细砂糖	300g	猪绞肉	150g
蛋黄	150g	生白芝麻	150g
泡打粉	6g	油葱酥	45g
低筋面粉	300g	酱油	10ml
牛奶	6ml	盐	2g
冷开水	30ml	香油	5ml
色拉油	30ml	细砂糖	7g
香草精	2g		

做法

❶ 热锅，放入色拉油、猪绞肉、生白芝麻，以小火炒至肉变白；加入油葱酥炒香，再加入酱油、盐、香油、细砂糖，炒至入味且汁收干，即为油葱酥肉馅，盛盘待冷却。

❷ 将蛋清放入钢盆，用电动打蛋器打至稍微起泡，慢慢加入细砂糖搅打；待提起打蛋器，其尾端的蛋清糊呈八分发的尖峰状，加入蛋黄，用橡皮刮刀轻轻翻拌均匀。

❸ 倒入已过筛的低筋面粉、泡打粉，混合拌匀至无颗粒状，加入牛奶、冷开水、色拉油及香草精，充分拌匀，即为面糊。

❹ 均匀盛入蛋糕模至四分满，在桌面轻敲数下，放入蒸笼；以小火蒸15分钟至面糊定型，取出，均匀铺上一层油葱酥肉馅，再倒入剩下的面糊至八分满，在桌面轻敲数下；继续以小火蒸15分钟，再转大火续蒸10分钟至熟。取出后脱模，待冷却后切小块即可。

{ 零失败秘诀 }

} 装填面糊后，在桌面轻敲数下，可以让面糊均匀地布满蛋糕模，这样烘烤出来的蛋糕才会漂亮且口感一致。

材料

糕浆皮

绵白糖	188g
花生油	124ml
盐	3g
全蛋	75g
冷开水	75ml
低筋面粉	377g
奶粉	8g
布丁粉	38g
小苏打粉	3g
泡打粉	9g

内馅

奶油红豆沙馅	390g
（制作步骤参见 P20）	

装饰

蛋黄（打散）	2 个

金露酥

属性：糕浆皮	数量：30 个
火候：上火 200℃ / 下火 180℃（单火 190℃）	
时间：烤 17 分钟→5 分钟	
最佳品尝期：室温 3 天 / 冷藏 6 天	

做法

❶ 将绵白糖、花生油、盐、全蛋、冷开水拌匀，加入已过筛的低筋面粉、奶粉、布丁粉、小苏打粉、泡打粉，拌匀后揉成不黏手的团状。盖上保鲜膜，放置 20 分钟让面团醒发，即为糕浆皮。将糕浆皮搓长后分为 30 等份，奶油红豆沙馅分为 30 等份。取 1 个小面团压扁，包入 1 份奶油红豆沙馅，并包成圆形，收口捏紧。依序完成所有包馅动作。

❷ 将面点排入烤盘，刷上一层蛋黄液，放入以上火 200℃ / 下火 180℃预热好的烤箱，烤 17 分钟后将烤盘调头，续烤 5 分钟至表面呈金黄色即可。

｛零失败秘诀｝

蛋黄液涂抹面积不宜太大、太厚，有裂纹才会好看。

第三章

正餐零食两相宜面点

由面粉变化出来的面点很多，
如包子、馒头、锅贴、馅饼等均广受大众喜爱，
主要原因是它们除了可以当下午茶点、零食，
也能作为三餐食用。
学会制作一种皮儿，就能通过内馅的变化，制作出许多种咸甜口味的面点，
让你百吃不腻！

豆沙包

属性：发酵面团	数量：28 个
火候：中小火	时间：蒸 20 分钟
最佳品尝期：室温 1 天／冷藏 3 天	

材料

面团

冷开水	275ml
速溶酵母	6g
中筋面粉	500g
泡打粉	7g
黄豆粉	10g
细砂糖	50g
白油	10g

内馅

红豆粒馅	700g

（制作步骤参见 P19）

1-1

1-2

2

做法

❶ 将冷开水、速溶酵母倒入钢盆，拌匀，加入已过筛的中筋面粉、泡打粉，再加入黄豆粉、细砂糖、白油，拌匀后揉成不黏手的团状。盖上保鲜膜，放置 30 分钟让面团醒发。将红豆粒馅分为 28 等份。取出面团，搓长后分为 28 等份。将每份小面团擀成直径约 7 厘米的圆片，包入 1 份红豆粒馅，收口捏紧，在面皮上拉出 4 条线，做造型。依序完成所有包馅与塑型动作。

❷ 在每个包子底下垫 1 张蒸笼纸，再排入蒸锅，盖上锅盖，放置 30 分钟让面团发酵至原来的 2 倍大，用中小火蒸约 20 分钟至熟即可。

｛零失败秘诀｝

┊ 蒸豆沙包时，下层放空笼蒸，可防止豆沙包产生死面。

三角糖包

属性：发酵面团	数量：21 个
火候：中小火	时间：蒸 20 分钟
最佳品尝期：室温 1 天 / 冷藏 3 天	

材料

面团

冷开水	275ml
速溶酵母	6g
中筋面粉	500g
泡打粉	7g
黄豆粉	10g
红糖	50g
白油	10g

内馅

红豆粒馅	525g
（制作步骤参见 P19）	
红糖	210g

1-1

1-2

2

做法

❶ 将冷开水、速溶酵母倒入钢盆，拌匀，加入已过筛的中筋面粉、泡打粉，再加入黄豆粉、红糖、白油，拌匀后揉成不黏手的团状，盖上保鲜膜，放置 30 分钟让面团醒发。将红豆粒馅分为 21 等份。取出面团，搓长后分为 21 等份。将每份小面团擀成直径约 7 厘米的圆片，依序包入 10g 红糖、1 份红豆粒馅，面皮往中间收起并捏成三角形，并且将 3 个尖端捏紧。依序完成所有包馅动作。

❷ 在每个包子底下垫 1 张蒸笼纸，再排入蒸锅，盖上锅盖，放置 30 分钟让面团发酵至原来的 2 倍大，用中小火蒸约 20 分钟至熟即可。

{ 零失败秘诀 }

内馅通常会搭配红豆馅，这样口感才不会过于甜腻。

传统菜肉包

属性：发酵面团		数量：18 个	
火候：中小火			
时间：蒸 20 分钟			
最佳品尝期：室温 1 天 / 冷藏 3 天			

材料

面团		内馅	
冷开水	225ml	圆白菜丁	200g
速溶酵母	9g	盐	7g
中筋面粉	450g	猪绞肉	170g
泡打粉	5g	小葱（切末）	25g
细砂糖	45g	白胡椒粉	2g
白油	9g	酱油	5ml
		香油	6ml
		细砂糖	4g

做法

① 将冷开水、速溶酵母倒入钢盆中，拌匀至酵母溶解，加入已过筛的中筋面粉、泡打粉，再加入细砂糖、白油，拌匀后揉成不黏手的团状。盖上保鲜膜，放置 30 分钟让面团醒发。

② 将圆白菜丁放入调理盆，加入 5g 盐，用手抓匀并使圆白菜丁释出水分，将其挤干；将猪绞肉与剩余 2g 盐拌匀，搅打至有黏性，与圆白菜、小葱末、白胡椒粉、酱油、香油、细砂糖拌匀，即为内馅。

③ 取出面团，搓长后分为 18 等份，每份小面团擀成直径约 7 厘米的圆片，包入 20g 内馅，并捏成包子状，收口捏紧。依序完成所有包馅动作。

④ 在蒸锅底下垫 1 张蒸笼纸，将包子排入蒸锅，盖上锅盖，放置 30 分钟让面团发酵至原来的 2 倍大，用中小火蒸约 20 分钟至熟即可。

{ 零失败秘诀 }

冷藏后的面点，请以大火蒸 10 分钟复热，即可食用。

蒸包子或馒头时，可以插一支筷子在蒸锅盖处，能避免蒸锅中的温度太高而让包子产生皱缩的现象。

高雄炭烤馒头

属性：发酵面团	数量：20 个
火候：中小火	时间：蒸 15 分钟
最佳品尝期：室温 1 天 / 冷藏 3 天	

做法

❶ 将冷开水、速溶酵母倒入钢盆中，拌匀至酵母溶解，加入已过筛的中筋面粉、泡打粉，再加入奶粉、细砂糖、白油，拌匀后揉成不黏手的团状。盖上保鲜膜，放置 30 分钟让面团醒发。

❷ 热锅，倒入色拉油，将每个鸡蛋分别入锅，煎熟后盛盘，将猪肉片放入平底锅，加入烤肉酱，以中火拌炒至熟且上色后盛盘。

❸ 取出面团，擀成厚约 0.3 厘米的长方形，对折成半月形，刷上一层薄薄的冷开水（材料外），卷成圆柱状，随后切成约 5 厘米长的小段（每段约为 60g）。

❹ 在每个馒头底下垫 1 张蒸笼纸，排入蒸锅，盖上锅盖，放置 30 分钟让面团发酵至原来的 2 倍大，用中小火蒸约 15 分钟至熟，即可取出。从中切开，再通过炭烤方式在馒头表面烤出烙痕，接着夹入 1 个鸡蛋、适量炒好的猪肉片，即可食用。

{ 零失败秘诀 }

| 冷藏后的面点，请以大火蒸 10 分钟复热，即可食用。
| 猪肉片也可以换成泰式酸辣鸡、宫保鸡丁、日式猪排等。
| 馒头也可以铺于烤箱所附的凉架，再放入烤箱烘烤出烙痕。

材料

面团

冷开水	440ml
速溶酵母	16g
中筋面粉	800g
泡打粉	12g
奶粉	16g
细砂糖	80g
白油	18g

内馅

色拉油	10ml
鸡蛋	20 个
猪肉片	400g
烤肉酱	50g

双色红糖馒头

属性：发酵面团	数量：22 个
火候：中小火	时间：蒸 15 分钟
最佳品尝期：室温 1 天 / 冷藏 3 天	

做法

❶ 将红糖、10ml 冷开水放入锅中，以小火煮至红糖完全溶解，关火后待冷却，备用。

❷ 将剩余 440ml 冷开水、速溶酵母倒入钢盆中，拌匀至酵母溶解，加入已过筛的中筋面粉、泡打粉，再加入奶粉、细砂糖、白油，拌匀后揉成不黏手的团状。

❸ 将面团分成 2 份，一份为白色面团，另一份与制作好的红糖水拌匀，揉成不黏手的浅咖啡色团状。盖上保鲜膜，放置 30 分钟让面团醒发。

❹ 将白色、浅咖啡色面团分别擀成厚约 0.3 厘米的长方形（一样大），在白色面皮上刷一层薄薄的冷开水（材料外），铺上浅咖啡色面皮，用擀面杖轻轻擀制，让面皮彼此密合，再刷一层薄薄的冷开水（材料外），卷成圆柱状，切成约 5 厘米长的小段（每段约 60g）。

❺ 在每个馒头底下垫 1 张蒸笼纸，排入蒸锅，盖上锅盖，放置 30 分钟让面团发酵至原来的 2 倍大，用中小火蒸约 15 分钟至熟即可。

{ 零失败秘诀 }

┊ 冷藏后的面点，请以大火蒸 10 分钟复热，即可食用。

┊ 红糖是健康又具甜味的食材，数量不用太多，就可以营造出咖啡色泽。

材料

面团

红糖	5g
冷开水	450ml
速溶酵母	16g
中筋面粉	800g
泡打粉	12g
奶粉	16g
细砂糖	80g
白油	18g

菜肉水煎包

属性：发酵面团	数量：21 个
火候：中小火	
时间：煎 12 分钟→12 分钟	
最佳品尝期：室温 1 天 / 冷藏 3 天	

材料

面团		味精	1g
冷开水	270ml	酱油	10ml
速溶酵母	6g	香油	7ml
中筋面粉	450g	色拉油	10ml
		姜（切末）	15g
内馅		小葱（切末）	30g
圆白菜丁	400g	装饰	
猪绞肉	300g		
盐	10g	熟黑芝麻	10g

做法

❶ 将冷开水、速溶酵母倒入钢盆中，拌匀至酵母溶解，加入中筋面粉，拌匀后揉成不黏手的团状。盖上保鲜膜，放置 30 分钟让面团醒发。

❷ 将圆白菜丁放入调理盆，加入 5g 盐，用手抓匀并使圆白菜丁释出水分，将其挤干；将猪绞肉与剩余 5g 盐拌匀且搅打至有黏性，再加入味精、酱油、香油、色拉油拌匀，最后放入姜末、圆白菜丁、葱末混合拌匀，即为内馅。

❸ 取出面团，搓长后分为 21 等份，每份小面团擀成直径约 7 厘米的圆片，包入 30g 内馅，并捏成包子状，收口捏紧。依序完成所有包馅动作。

❹ 盖上保鲜膜，放置 30 分钟让面团发酵至原来的 2 倍大。

❺ 取 10ml 色拉油（材料外）倒入平底锅，以中小火加热，将菜肉包放入平底锅，倒入 20ml 冷开水（材料外），盖上锅盖，焖煎 12 分钟，再倒入 20ml 冷开水（材料外），盖上锅盖，继续焖煎 12 分钟至包子熟且底下呈金黄色，均匀撒上熟黑芝麻即可。

{ 零失败秘诀 }

冷藏后的面点，请以大火蒸 10 分钟或微波炉高火复热 1 分钟，即可食用。

冷开水分 2 次入锅，可以让水煎包的外皮更具光泽。

韭菜盒子

属性：半烫面团	数量：10 个	
火候：中小火		
时间：煎 8 分钟→5 分钟	最佳品尝期：室温 1 天 / 冷藏 3 天	

做法

1. 将中筋面粉、盐倒入钢盆，先以滚水冲入面粉中，边冲边用擀面杖拌匀呈雪花状，再加入冷开水，拌匀后揉成不黏手的团状。盖上保鲜膜，放置 20 分钟让面团醒发。

2. 将粉丝泡水至软，沥干水分后剪小段，与韭菜末、小豆干丁、小葱、虾皮混合拌匀，加入盐、酱油、细砂糖、白胡椒粉与香油拌匀，即为内馅。

3. 将面团搓长后分为 10 等份，每份小面团擀成厚约 0.3 厘米的椭圆形，铺上 40g 内馅于面皮中间，在面皮四周刷一层冷开水（材料外），对折后让面皮密合成半月形，从一端慢慢捏成波浪状，在尾端捏紧。依序完成所有包馅动作。

4. 热锅，倒入 10ml 色拉油（材料外），排入韭菜盒子，以中小火先煎一面，约 8 分钟至呈金黄色，翻面后续煎 5 分钟至熟且两面金黄即可。

{ 零失败秘诀 }

冷藏后的面点，请以微波炉高火复热 1 分钟即可食用。

煎制过程用中小火慢慢煎，并且盖上锅盖，这样容易熟且不会变焦。

材料

面团

中筋面粉	250g
盐	2g
滚水	100ml
冷开水	65ml

内馅

粉丝	30g
韭菜（切末）	200g
小豆干 （切小丁）	150g
小葱（切末）	20g
虾皮	8g
盐	2g
酱油	4ml
细砂糖	3g
白胡椒粉	2g
香油	2ml

面团

冷开水	183ml
速溶酵母	10g
葡萄干面种	314g
（制作步骤参见 P27）	
中筋面粉	524g
泡打粉	10g
细砂糖	105g
白油	53g

内馅

葡萄干（切碎）	200g

葡萄干老面馒头

属性：发酵面团	数量：20 个
火候：中小火	
时间：蒸 15 分钟	
最佳品尝期：室温 1 天 / 冷藏 3 天	

做法

....

❶ 将冷开水、速溶酵母倒入钢盆并拌匀，放入葡萄干面种，加入已过筛的中筋面粉、泡打粉，再加入细砂糖、白油，拌匀后揉成不黏手的团状。盖上保鲜膜，放置 30 分钟让面团醒发。取出面团，擀成厚约 0.3 厘米的长方形，刷上一层薄薄的冷开水（材料外），均匀撒上葡萄干碎，卷成圆柱状，切成约 5 厘米长的小段（每段约 65g）。

❷ 蒸锅内铺上 1 张蒸笼纸，放入葡萄干馒头，盖上锅盖，放置 30 分钟让面团发酵至原来的 2 倍大，用中小火蒸约 15 分钟至熟即可。

{ 零失败秘诀 }

在配方中加入少许速溶酵母，能缩短葡萄干面种的发酵时间，并且不失风味。

材料

面糊	
冷开水	320ml
细砂糖	280g
低筋面粉	400g
泡打粉	14g
内馅	
生黑芝麻	12g

芝麻发糕

属性：发粉面糊	数量：6 个
火候：大火	
时间：蒸 25 分钟	
最佳品尝期：室温 1 天 / 冷藏 3 天	

做法

❶ 将冷开水、细砂糖倒入钢盆，拌匀至细砂糖溶解，加入已过筛的低筋面粉、泡打粉，用打蛋器打匀。盖上保鲜膜，放置 20 分钟让面糊醒发。加入生黑芝麻，用橡皮刮刀充分拌匀，再均匀倒入耐高温容器（每杯面糊量约 170g）。

❷ 放入蒸笼，用大火蒸约 25 分钟至熟且有裂纹即可。

{ 零失败秘诀 }

冷藏后的面点，请以大火蒸 10 分钟复热，即可食用。

发糕类面点蒸制时，必须全程用大火，才能让发糕裂开的纹路呈现漂亮的花瓣状。

1

2-1

2-2

小葱饼

属性：半烫面团	数量：10个
火候：中小火	
时间：煎8分钟→8分钟	最佳品尝期：室温1天/冷藏3天

做法

① 将中筋面粉、盐倒入钢盆，先以滚水冲入面粉中，边冲边用擀面杖拌匀呈雪花状，再加入冷开水，拌匀后揉成不黏手的团状。盖上保鲜膜，放置20分钟让面团醒发。

② 将面团搓长后分为10等份，每份小面团擀成厚约0.3厘米的长方形，刷上一层香油，均匀撒上盐、白胡椒粉、小葱末，对折后让面皮密合；从一端慢慢卷成螺旋状，将尾端面皮捏紧后压到面团下方，稍微按压至扁平。依序完成所有铺馅及卷的动作。

③ 取一个有深度的盘子，倒入色拉油，将小葱面团泡入色拉油，按压让油被吸入面团中，翻面后重复此动作。

④ 热锅，在锅面抹上一层薄薄的色拉油，排入小葱面团，以中小火先煎一面，约8分钟至呈金黄色，翻面后续煎8分钟至熟且两面金黄即可。

{ 零失败秘诀 }

冷藏后的面点，请以微波炉高火复热1分钟，即可食用。

如果想让小葱饼呈酥脆口感，可用半煎半炸的方式煎熟。

材料

面团

中筋面粉	500g
盐	4g
滚水	200ml
冷开水	130ml

内馅

香油	10ml
盐	8g
白胡椒粉	2g
小葱（切末）	500g
色拉油	100ml

传统猪肉刈包

属性：发酵面团	数量：20 个
火候：中小火	时间：蒸 15 分钟
最佳品尝期：室温 1 天 / 冷藏 3 天	

材料

面团

冷开水	275ml	冷开水	1000ml
速溶酵母	6g	盐	15g
中筋面粉	500g	味精	5g
泡打粉	7g	酱油	150ml
黄豆粉	10g	冰糖	80g
细砂糖	50g	米酒	20ml
白油	10g	卤包	1包
		熟花生粉	100g

内馅

		装饰	
猪五花肉	400g	食用红色素	1ml
小葱（切小段）	40g	冷开水	10ml
姜（切片）	20g		

做法

❶ 将冷开水、速溶酵母倒入钢盆中，拌匀至酵母溶解，加入已过筛的中筋面粉、泡打粉，再加入黄豆粉、细砂糖、白油，拌匀后揉成不黏手的团状。盖上保鲜膜，放置 30 分钟。

❷ 将猪五花肉洗净后放入炖锅，加入小葱段、姜片、冷开水、盐、味精、酱油、冰糖、米酒、卤包，以大火煮滚，转中小火，继续卤至猪五花肉熟软且入味，即为卤肉。放置一旁待冷却，取出后切成片状，备用。

❸ 取出面团，搓长后分为 20 等份，每份小面团擀成长椭圆形，刷上一层冷开水（材料外），对折成半月形，依序完成所有对折动作。

❹ 在每个刈包底下垫 1 张蒸笼纸，排入蒸锅，盖上锅盖，放置 30 分钟让面团发酵至原来的 2 倍大，用中小火蒸约 15 分钟至熟后取出。将食用红色素、冷开水拌匀，用专用压模盖上红色印，再夹入适量猪肉片、熟花生粉即可。

{ 零失败秘诀 }

刈包面皮对折面必须抹一层冷开水或色拉油，这样可以防止蒸熟时面皮开口处黏住。

圆白菜猪肉锅贴

属性: 冷水面团		数量: 40 个	
火候: 中小火		时间: 煎 12 分钟	
最佳品尝期: 室温 1 天 / 冷藏 3 天			

材料

面团

中筋面粉	350g
盐	3g
冷开水	175ml

内馅

圆白菜丁	400g
猪绞肉	15g

盐	8g
冷开水	15ml
酱油	10ml
白胡椒粉	5g
香油	10ml
小葱（切末）	20g
姜（磨泥）	5g

做法

① 将中筋面粉、盐、冷开水倒入钢盆，混合拌匀，再揉成不黏手的团状。盖上保鲜膜，放置 20 分钟让面团醒发。

② 将圆白菜丁放入调理盆，加入 5g 盐，用手抓匀并使圆白菜丁释出水分，将其挤干；将猪绞肉与剩余的 3g 盐、冷开水拌匀且搅打至有黏性，与圆白菜丁、酱油、白胡椒粉、香油、小葱末、姜泥拌匀，即为猪肉馅。

③ 将面团分为 40 等份的小面团，擀成直径约 7 厘米的圆形，包入 17g 猪肉馅，在面皮周围抹上一层冷开水（材料外），对折后将两头压紧，但不需像水饺一样完全封闭。

④ 将平底锅加热，倒入 10ml 色拉油（材料外），将锅贴平放排入锅中，倒入 20ml 冷开水（材料外），盖上锅盖，以中小火煎约 12 分钟至底部呈金黄色且熟即可。

{ 零失败秘诀 }

冷藏后的面点，请以微波炉高火复热 1 分钟，即可食用。

平底锅要先加热，才能将饺子下锅，然后改中小火，慢慢煎至底部金黄、酥脆。

材料

面团

冷开水	183ml
速溶酵母	10g
桂圆干面种	314g
（制作步骤参见 P30）	
中筋面粉	524g
泡打粉	10g
细砂糖	105g
白油	53g

内馅

桂圆干（切碎）	200g

1-1

1-2

桂圆老面馒头

属性：发酵面团		数量：20 个	
火候：中小火		时间：蒸 15 分钟	
最佳品尝期：室温 1 天 / 冷藏 3 天			

做法

❶ 将冷开水、速溶酵母倒入钢盆并拌匀，放入桂圆干面种，加入已过筛的中筋面粉、泡打粉，再加入细砂糖、白油，拌匀后揉成不黏手的团状。盖上保鲜膜，放置 30 分钟让面团醒发。取出面团，擀成厚约 0.3 厘米的长方形，刷上一层薄薄的冷开水（材料外），均匀撒上桂圆干碎，卷成圆柱状，切成 5 厘米长的小段（每段约 65g）。

❷ 在蒸锅内铺上 1 张蒸笼纸，放入桂圆干馒头，盖上锅盖，放置 30 分钟让面团发酵至原来的 2 倍大，用中小火蒸约 15 分钟至熟即可。

{ 零失败秘诀 }

加入少许速溶酵母，能缩短桂圆干的发酵时间，且不失风味。

红糖糕

属性:	发粉面糊
数量:	10个（长7厘米×宽7厘米×高6厘米的蛋糕模）
火候:	中火→大火　　时间: 蒸10分钟→15分钟
最佳品尝期:	室温1天/冷藏3天

材料

面糊

滚水	540ml
红糖	450g
木薯淀粉	225g
低筋面粉	450g
泡打粉	4g

装饰

生白芝麻	10g

做法

❶ 将滚水、红糖倒入锅中，转中小火加热，用打蛋器拌匀至红糖溶解后关火，倒入钢盆待冷却；加入木薯淀粉，用打蛋器打匀，再加入过筛的低筋面粉、泡打粉，充分拌匀，即为红糖面糊。

❷ 盖上保鲜膜，放置20分钟让面糊醒发，再盛入长7厘米×宽7厘米×高6厘米的蛋糕模至七分满，轻敲数下。

❸ 放入蒸笼，先用中火蒸10分钟至四周膨胀，再用大火续蒸15分钟至熟后取出，趁热撒上生白芝麻即可。

{ 零失败秘诀 }

蒸红糖糕必须用两段不同火候来蒸并留意时间，才容易成功。

猪肉馅饼

属性：半烫面团	数量：10 个
火候：中小火	
时间：煎 8 分钟→5 分钟	最佳品尝期：室温 1 天／冷藏 3 天

做法

❶ 将中筋面粉、盐倒入钢盆，先以滚水冲入面粉中，边冲边用擀面杖拌匀呈雪花状，再加入冷开水，拌匀后揉成不黏手的团状。盖上保鲜膜，放置 20 分钟让面团醒发。

❷ 将猪绞肉放入调理盆，加入冷开水、酱油、米酒、盐、细砂糖、白胡椒粉、香油混合拌匀，倒入小葱末、姜末拌匀，即为猪肉馅。

❸ 将面团分为 10 等份，擀成直径约 10 厘米的圆片，包入约 40g 猪肉馅，并捏成包子状，收口捏紧。依序完成所有包馅动作，并将全部馅饼稍微压扁，备用。

❹ 将平底锅加热，抹上一层色拉油（材料外），排入猪肉馅饼，以中小火先煎一面，煎约 8 分钟至金黄色，翻面后续煎 5 分钟至熟且两面金黄即可。

{ 零失败秘诀 }

┊ 冷藏后的面点，请以微波炉高火复热 1 分钟，即可食用。
┊ 猪肉馅与少许水或高汤拌匀，则内馅会保有汤汁，食用时会更美味。

材料

面团

中筋面粉	250g
盐	2g
滚水	100ml
冷开水	65ml

内馅

猪绞肉	350g
冷开水	15ml
酱油	5ml
米酒	5ml
盐	3g
细砂糖	5g
白胡椒粉	5g
香油	10ml
小葱（切末）	20g
姜（切末）	5g

火烧饼

属性：发酵面团　　　　数量：12个
火候：上火 200℃ / 下火 180℃（单火 190℃）
时间：烤 17 分钟→5 分钟　最佳品尝期：室温 3 天 / 冷藏 6 天

做法

❶ 将冷开水、速溶酵母倒入钢盆中，拌匀至酵母溶解，放入中筋面粉、低筋面粉、基本老面，拌匀后揉成不黏手的团状。盖上保鲜膜，放置 40 分钟让面团醒发。

❷ 取出面团，擀成厚约 0.3 厘米的长方形，刷上一层薄薄冷开水（材料外），卷成圆柱状，切成约 5 厘米长的小段（每段约 100g）。

❸ 将小面团收圆，放入直径约 8 厘米的压模，用手轻轻压进模子成平整的扁圆形，脱模。依序完成所有压模动作，用刀将每个面团边缘削成火轮状，备用。

❹ 将面团排入烤盘，放入以上火 200℃ / 下火 180℃预热好的烤箱，烤 17 分钟后将烤盘调头，续烤 5 分钟至表面上色且熟即可。

{ 零失败秘诀 }

冷藏后的面点，请以 150℃烤 12 分钟复热，即可食用。

火烧饼又称杠子头，其面团比较干硬，所以醒面的时间必须长一些，但是其比较耐放。

材料

面团

冷开水	180ml
速溶酵母	10g
中筋面粉	505g
低筋面粉	217g
基本老面	361g

（制作步骤参见 P25 ~ 26）

芝麻酱烧饼

属性：半烫面团　　　　　数量：20 个

火候：上火 220℃ / 下火 210℃（单火 215℃）

时间：烤 12 分钟→5 分钟

最佳品尝期：室温 2 天 / 冷藏 4 天

材料

面团		花椒粉	1g
中筋面粉	400g	盐	1g
滚水	160ml	细砂糖	16g
白油	40g	芝麻酱	64g
冷开水	160ml	装饰	
内馅		生白芝麻	10g
花生酱	32g		

做法

❶ 将中筋面粉倒入钢盆，先以滚水冲入面粉中，边冲边用擀面杖拌匀呈雪花状，再加入白油、冷开水，拌匀后揉成不黏手的团状。盖上保鲜膜，放置 20 分钟让面团醒发。

❷ 将内馅材料放入调理盆，充分拌匀，即为芝麻花生馅。

❸ 将面团擀成厚约 0.3 厘米的长方形，均匀抹上芝麻花生馅，卷成圆柱状，切成约 5 厘米长的小段（每段约 40g）。

❹ 将每段小面团的两边收口捏紧，对折后收圆，收口朝上蘸一层冷开水（材料外），再粘一层生白芝麻。依序完成所有粘生白芝麻动作，芝麻面朝下排入烤盘。

❺ 放入以上火 220℃ / 下火 210℃预热好的烤箱，烤 12 分钟让白芝麻上色，取出烤盘，翻面后续烤 5 分钟即可。

{ 零失败秘诀 }

冷藏后的面点，请以 150℃烤 12 分钟复热，即可食用。

大包酥法的油酥很容易溢出，所以一定要在做法 4 中将面团的两边收口捏紧。

胡椒饼

属性:	发酵油酥皮	数量:	18 个
火候:	上火 200℃ / 下火 185℃（单火 190℃）		
时间:	烤 20 分钟→5 分钟		
最佳品尝期:	室温 1 天 / 冷藏 3 天		

材料

油皮		酱油	5ml
冷开水	120ml	米酒	10ml
速溶酵母	2g	细砂糖	5g
细砂糖	30g	白胡椒粉	10g
中筋面粉	300g	黑胡椒粉	10g
白油	120g	盐	3g
油酥		香油	5ml
低筋面粉	250g	五香粉	3g
白油	125g	小葱（切末）	250g
内馅		装饰	
猪绞肉	330g	生白芝麻	30g

做法

① 将冷开水、速溶酵母倒入钢盆中，拌匀至酵母溶解，加入细砂糖、中筋面粉、白油，拌匀后揉成不黏手的团状。盖上保鲜膜，放置 20 分钟让面团醒发，即为油皮。

② 将低筋面粉、白油放入钢盆，拌匀后揉成无面粉颗粒的团状，即为油酥。

③ 将油皮搓长后分为 18 等份，油酥搓长后分为 18 等份，备用。取 1 份油皮包入 1 份油酥，擀卷 2 次，盖上保鲜膜，放置 15 分钟让面团醒发，即为油酥皮。

④ 将小葱末以外的内馅材料放入钢盆，混合拌匀，并搅打至产生黏性，再加入小葱末拌匀，即为肉馅。

⑤ 取 1 份油酥皮，擀成直径约 7 厘米的圆片，包入约 30g 肉馅，并包成圆形，收口捏紧。依序完成所有包馅动作。

⑥ 在每个饼的收口上蘸一层冷开水（材料外），再粘裹一层生白芝麻，收口朝上，放入以上火 200℃ / 下火 185℃ 预热好的烤箱，烤 20 分钟后将烤盘调头，续烤 5 分钟至表面呈金黄色即可。

{ 零失败秘诀 }

发酵类的油酥皮不宜醒发太久，至面团柔软即可。

葱油饼

属性：半烫面团	数量：**10** 份
火候：中小火	时间：煎约 **5** 分钟
最佳品尝期：室温 **1** 天	

材料

面团

中筋面粉	600g
盐	5g
滚水	240ml
冷开水	120ml
小葱（切末）	60g
色拉油	80ml

1-1

1-2

2

做法

❶ 将中筋面粉、盐倒入钢盆，先以滚水冲入面粉中，边冲边用擀面杖拌匀呈雪花状，再加入冷开水，拌匀后揉成不黏手的团状。盖上保鲜膜，放置 20 分钟让面团醒发。将小葱末慢慢揉入面团，盖上保鲜膜，放置 20 分钟让面团醒发。将面团搓长后分为 10 等份，每份小面团擀成直径约 25 厘米的圆形，两面抹上一层色拉油，盖上塑料袋（或保鲜膜），待醒发 20 分钟，依序完成所有擀制与抹油动作。

❷ 将平底锅加热，放入一片面皮，以中小火煎到两面上色且熟即可。

{ 零失败秘诀 }

小葱洗净后沥干水分，切末后再揉入面团中，才不会因面团太湿而影响面团组织。

材料

面团

中筋面粉	250g
盐	5g
滚水	125ml
冷开水	65ml

其他

色拉油	10ml
全蛋（分别打散）	6 个
酱油膏	适量

传统蛋饼

属性：半烫面团	数量：6 份
火候：中小火	时间：煎约 6 分钟
最佳品尝期：室温 1 天	

做法

❶ 将中筋面粉、盐倒入钢盆，先以滚水冲入面粉中，边冲边用擀面杖拌匀呈雪花状，再加入冷开水，拌匀后揉成不黏手的团状。盖上保鲜膜，放置 20 分钟让面团醒发。将面团搓长后分为 6 等份，每份小面团擀成直径约 25 厘米的圆形面皮。

❷ 将平底锅加热，抹上一层色拉油，放入一片面皮，以中小火煎至两面上色，即为饼皮；取出饼皮，再倒入一个打散的全蛋煎至九分熟，盖上刚刚煎好的饼皮，慢慢卷起，即可取出，切块后盛盘。依序完成其他饼皮煎制，可蘸酱油膏或辣椒酱食用。

{ 零失败秘诀 }

┊ 做法 1 完成的生面皮，放入塑料袋，可冷冻保存约 20 天。

┊ 面皮如果容易收缩，可放置一旁，醒发 10 分钟再擀开。

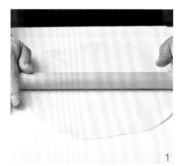

1

2-1

2-2

肉香蔬菜烧饼

属性: 全烫面团	数量: 20 个

火候: 上火 220℃ / 下火 200℃（单火 210℃）

时间: 烤 15 分钟，5 分钟　　最佳品尝期: 室温 2 天 / 冷藏 4 天

做法

❶ 将中筋面粉过筛于钢盆中，边冲入滚水边搅拌均匀呈雪花状，拌匀后揉成不黏手的团状。盖上保鲜膜，放置 20 分钟让面团醒发。

❷ 将低筋面粉、白油放入钢盆，拌匀后揉成无面粉颗粒的团状，即为油酥。

❸ 将面团搓长后分为 20 等份，油酥搓长后分为 20 等份，备用。取 1 份面皮包入 1 份油酥，擀成厚约 0.2 厘米的椭圆形，以三折法叠成长方形，转 90 度后翻面使收口朝上，重复擀折一次。依序完成所有擀折动作，面皮收口全部翻下，盖上保鲜膜，放置 10 分钟让面团醒发。

❹ 炒锅加热，倒入色拉油，以中火加热，放入猪肉片、烤肉酱，拌炒至均匀上色且猪肉片入味，关火后盛盘。

❺ 将醒发完成的油酥面皮收口朝下，擀成长 13 厘米 × 宽 7 厘米的长方形，表面刷上一层冷开水（材料外），粘上一层生白芝麻。

❻ 将芝麻面朝下依序排入烤盘，放入以上火 220℃ / 下火 200℃ 预热好的烤箱，烤 15 分钟至金黄色后取出烤盘，将烧饼翻面，放入烤箱，续烤 5 分钟后取出，稍微放凉。

❼ 剪开烧饼，夹入适量生菜丝、猪肉片即可。

｛零失败秘诀｝

内馅可以变化，如选用个人喜爱的蔬菜、鸡蛋、油条等。

烘烤中途需要翻面，以使烤焙均匀。

材料

面团

中筋面粉	674g
滚水	445ml

油酥

低筋面粉	333g
白油	66g

内馅

色拉油	10ml
猪肉片	300g
市售烤肉酱	50g
生菜（切丝）	200g

装饰

生白芝麻	10g

寿桃

属性:	发酵面团	数量:	24 个
火候:	中小火		
时间:	蒸 20 分钟	最佳品尝期:	室温 1 天 / 冷藏 3 天

做法

❶ 将冷开水、速溶酵母倒入钢盆中，拌匀至酵母溶解，加入已过筛的中筋面粉、泡打粉，再加入黄豆粉、细砂糖、白油，拌匀后揉成不黏手的团状。盖上保鲜膜，放置 30 分钟让面团醒发。取约 80g 面团与食用绿色素混合，揉成不黏手的绿色面团。

❷ 将红豆粒馅分为 24 等份。取出面团，搓长后分为 24 等份，每份小面团擀成直径约 7 厘米的圆片，包入 1 份红豆粒馅，并包成圆形，收口捏紧。依序完成所有包馅动作，分别捏成尖尖的桃子状，在中间压出一条直线痕。

❸ 将绿色面团擀成厚约 0.2 厘米的薄片，轻轻划出叶子形，准备 48 片，再贴于桃子面团上（每个桃子面团贴 2 片叶子）。

❹ 在每个寿桃底下垫 1 张蒸笼纸，排入蒸锅，盖上锅盖，放置 30 分钟让面团发酵至原来的 2 倍大。

❺ 用中小火蒸寿桃约 20 分钟至熟即可。

{ 零失败秘诀 }

冷藏后的面点，请以大火蒸 10 分钟复热，即可食用。

需要做造型的发酵面点不宜发酵太久，因为酵母开始产生气体时不容易塑型。

材料

面团

冷开水	275ml
速溶酵母	6g
中筋面粉	500g
泡打粉	7g
黄豆粉	10g
细砂糖	50g
白油	10g
食用绿色素	2ml

内馅

红豆粒馅	600g

（制作步骤参见 P19）

葱烧饼

材料

面团

冷开水	560ml
速溶酵母	16g
细砂糖	20g
中筋面粉	1000g
色拉油	40ml

内馅

色拉油	100ml
小葱（切末）	400g
白胡椒粉	2g
盐	10g

装饰

生白芝麻	5g
蛋黄（打散）	2 个

1-1

1-2

2

做法

❶ 将冷开水、速溶酵母倒入钢盆中，拌匀至酵母溶解，加入细砂糖、中筋面粉、色拉油，拌匀后揉成不黏手的团状。盖上保鲜膜，放置 20 分钟让面团醒发。取出面团，擀成厚约 0.3 厘米的面皮，刷上一层色拉油，均匀撒上小葱末、白胡椒粉、盐，以三折法卷成长条状，切成约 4 厘米长的小段（每段约 100g）。

❷ 排入烤盘，均匀刷上蛋黄液，撒上生白芝麻，放置一旁，待发酵 30 分钟至原来的 2 倍大，放入以上火 200℃ / 下火 180℃预热好的烤箱，烤 20 分钟后将烤盘调头，续烤 5 分钟至表面呈金黄色即可。

第四章

在家品尝五星级面点

常常因为吃不到朋友口耳相传的某某饭店或餐厅的精致面点而叹气吗?

这里收录了作者最喜爱的面点,每一道都充满魅力,

而且拥有最容易成功的配方与做法。

你只要结合图文,按步骤操作,

就能做出让亲友赞不绝口,可媲美五星级饭店出品的面点!

马拉糕

材料

面糊

全蛋	455g
冷开水	74ml
低筋面粉	350g
香草粉	2g
泡打粉	10g
奶粉	14g
二砂糖	350g
色拉油	35ml

属性：发粉面糊	数量：2个（直径8寸蛋糕模）
火候：大火→中火	
时间：蒸20分钟→5分钟	
最佳品尝期：室温1天/冷藏3天	

做法

❶ 将全蛋、冷开水放入调理盆，用打蛋器搅拌均匀；将低筋面粉、香草粉、泡打粉过筛于钢盆，加入奶粉、全蛋液和二砂糖，搅拌均匀；倒入色拉油拌匀，即为面糊，放置一旁醒发20分钟。

❷ 将面糊盛入蛋糕模至六分满，放入蒸笼，先用大火蒸20分钟至面糊表面产生网状纹路，再转中火续蒸5分钟至熟即可。

{ 零失败秘诀 }

┊ 冷藏后的马拉糕在室温下放置5分钟，或以大火蒸10分钟复热，即可食用。

┊ 最后拌入色拉油，可以避免面糊出现油水分离现象。

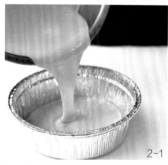

台式甜甜圈

材料

面团

速溶酵母	6g
冷开水	275ml
细砂糖	50g
无盐奶油	20g
中筋面粉	500g
泡打粉	7g
牛奶	27ml

装饰

糖粉	50g

属性：油炸发酵面团　　　　数量：20 个

火候：180℃

时间：炸 2 ~ 3 分钟

最佳品尝期：室温 2 天 / 冷藏 5 天

做法

❶ 将冷开水、速溶酵母倒入钢盆中，拌匀至酵母溶解，放入细砂糖、无盐奶油，加入已过筛的中筋面粉、泡打粉，倒入牛奶，充分拌匀成不黏手的面团。盖上保鲜膜，放置 25 分钟让面团醒发。将面团擀成厚约 0.5 厘米的面皮，盖上塑料袋，发酵 20 分钟。取直径 8 厘米的压模压出圆形，再用直径 2.5 厘米的压模在中间压出一个小洞，去除四周的面皮，发酵 20 分钟至原来的 2 倍大。

❷ 取适量色拉油（材料外）倒入锅中，加热至 180℃，放入甜甜圈面团，炸至两面金黄，捞起后沥干油，待冷却后筛上糖粉即可。

{ 零失败秘诀 }

炸好的甜甜圈要放凉后再筛上糖粉，以免糖粉吸入面团中。

1-1

1-2

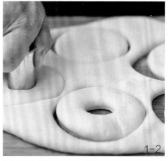

2

虾仁烧卖

属性：半烫面团	数量：40 个
火候：大火	
时间：蒸 8 ~ 10 分钟	
最佳品尝期：现蒸现吃 / 冷藏 2 天	

材料

面团

中筋面粉	250g
盐	2g
滚水	100ml
冷开水	65ml

内馅

虾仁	70 只
猪绞肉	500g

全蛋	1 个
姜（磨泥）	5g
米酒	5ml
酱油	5ml
盐	3g
香油	5ml
鸡粉	5g
白胡椒粉	3g

做法

❶ 将中筋面粉、盐倒入钢盆，先以滚水冲入面粉中，边冲边用擀面杖拌匀呈雪花状，再加入冷开水，拌匀后揉成不黏手的团状。盖上保鲜膜，放置 20 分钟让面团醒发。

❷ 将虾仁挑除肠泥后洗净，取 30 只虾仁拍扁成泥，与猪绞肉、全蛋、姜泥、所有调味料混合拌匀，即为虾仁馅。

❸ 将面团搓长后分为 40 等份，分别擀成直径约 5 厘米的圆片，包入 25g 虾仁馅，边包边用汤匙背将馅料压入面皮中使之密实，再放上 1 只虾仁，轻压入虾仁馅中。依序完成其他面皮填馅动作。

❹ 为蒸笼铺上 1 张蒸笼纸，放入虾仁烧卖，盖上蒸笼盖，用大火蒸 8 ~ 10 分钟至熟即可。

{ 零失败秘诀 }

∷ 冷藏后的面点，请以大火蒸 6 分钟复热，即可食用。

∷ 烧卖的馅料不宜拌入水。水分太多时，容易影响烧卖皮的软硬度，蒸好时烧卖不会挺直。

虾仁丝瓜小笼包

属性: 冷水面团	数量: 35 个
火候: 大火	
时间: 蒸 8 ~ 10 分钟	最佳品尝期: 现蒸现吃 / 冷藏 2 天

做法

① 将中筋面粉、盐、冷开水倒入钢盆，混合拌匀，再揉成不黏手的团状。盖上保鲜膜，放置 20 分钟让面团醒发。

② 将丝瓜刨丝，加入 5g 盐，用手抓匀并让丝瓜释出水分，将其挤干；将虾仁拍扁，与猪绞肉、姜末、剩余的 5g 盐、白胡椒粉、冷开水、香油放入调理盆，混合拌匀，即为虾仁肉馅。

③ 将面团分为 35 等份，再擀成直径约 6 厘米的圆形，包入 19g 虾仁肉馅，并捏成包子状，收口捏紧。依序完成所有包馅动作。

④ 在蒸笼底下垫 1 张蒸笼纸，将小笼包排入蒸笼，盖上蒸笼盖，用大火蒸 8 ~ 10 分钟至熟即可。

{ 零失败秘诀 }

冷藏后的面点，请以大火蒸 6 分钟复热，即可食用。

必须等蒸笼或蒸锅底锅的水滚后，才能放入蒸类面点加热。

材料

面团

中筋面粉	350g
盐	3g
冷开水	175ml

内馅

丝瓜（去皮）	200g
虾仁	100g
猪绞肉	300g
姜（切末）	10g
盐	10g
白胡椒粉	5g
冷开水	30ml
香油	10ml

凤尾虾蒸饺

属性：冷水面团	数量：35 个
火候：大火	
时间：蒸 8 ~ 10 分钟	最佳品尝期：现蒸现吃 / 冷藏 2 天

做法

❶ 将中筋面粉、盐、冷开水倒入钢盆，混合拌匀，再揉成不黏手的团状。盖上保鲜膜，放置 20 分钟让面团醒发。

❷ 将草虾去头及身体壳，不去尾壳，备用。

❸ 将猪绞肉、花枝浆、姜末、盐、白胡椒粉、冷开水、香油放入调理盆，混合拌匀，即为花枝肉馅。

❹ 将面团分为 35 等份的小面团，再擀成直径约 7 厘米的圆形，包入 1 只草虾、15g 花枝肉馅，并从前端向虾尾慢慢捏成叶子形。依序完成所有包馅动作。

❺ 在蒸笼底下垫 1 张蒸笼纸，将蒸饺排入蒸笼，盖上蒸笼盖，用大火蒸 8 ~ 10 分钟至熟即可。

〔 零失败秘诀 〕

┊ 冷藏后的面点，请以大火蒸 6 分钟复热，即可食用。

┊ 馅料必须包得饱满一些，这样蒸出来的饺子才会比较挺直。

材料

面团

中筋面粉	350g
盐	3g
冷开水	175ml

内馅

草虾（带壳）	35 只
猪绞肉	300g
花枝浆	100g
姜（切末）	10g
盐	5g
白胡椒粉	5g
冷开水	30ml
香油	10ml

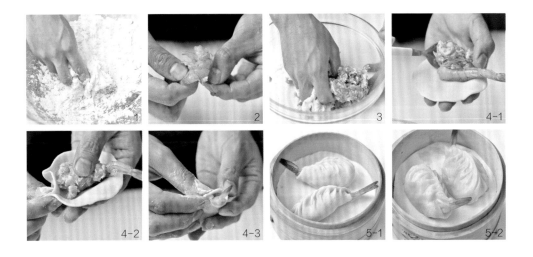

葱花蛋卷饼

属性：半烫面团	数量：4 份
火候：中小火	
时间：煎 8 分钟→5 分钟→1 分钟	
最佳品尝期：室温 1 天 / 冷藏 3 天	

材料

面团		内馅	
中筋面粉	250g	全蛋（打散）	4 个
盐	2g	小葱（切末）	200g
滚水	100ml	盐	4g
冷开水	65ml	其他	
		色拉油	100ml

做法

❶ 将中筋面粉、盐倒入钢盆，先以滚水冲入面粉中，边冲边用擀面杖拌匀呈雪花状，再加入冷开水，拌匀后揉成不黏手的团状。盖上保鲜膜，放置 20 分钟让面团醒发。

❷ 将面团分成 4 等份（每份约 100g），每份面团擀成厚约 0.2 厘米的大圆片，于面皮上涂上一层色拉油，并以百褶裙方式整形，两端往中间卷成螺旋状，稍微压扁。依序完成所有卷制动作。

❸ 取一个有深度的盘子，倒入剩余的色拉油，将卷好的面团泡入色拉油，按压让油吸入面团中，翻面后重复此动作，再擀成直径约 25 厘米的圆片。

❹ 将全蛋液、小葱末、盐拌匀，即为葱花蛋液，备用。

❺ 热锅，在锅面抹上一层薄薄色拉油，排入卷饼面团，以中小火先煎一面 8 分钟呈金黄，翻面后续煎 5 分钟至熟且两面金黄；在最后的煎制过程用锅铲进行推压动作，让卷饼呈现松软酥脆感，即可取出。

❻ 将葱花蛋液倒入原来的平底锅，盖上 1 片卷饼，以中小火煎 1 分钟到蛋熟，慢慢卷起，依序完成其他饼皮煎制与包卷即可。

{ 零失败秘诀 }

⋮ 做法 2 完成的生面皮，可以在每片之间盖上一层保鲜膜，方便之后取用，再放入塑料袋，可冷冻保存约 20 天。

⋮ 面皮在折百褶时，必须多涂一些油，可以防止面皮因黏在一起而没有折痕。

萝卜丝酥饼

1-1

1-2

| 属性：油酥皮 | 数量：24 个 |
| 火候：上火 200℃ / 下火 190℃（单火 185℃） |
| 时间：烤 17 分钟 → 5 分钟 |
| 最佳品尝期：室温 1 天 / 冷藏 3 天 |

材料

面团		内馅	
冷开水	130ml	白萝卜	700g
细砂糖	27g	（去皮后刨丝）	
盐	3g	虾米（切碎）	20g
中筋面粉	270g	小葱（切末）	40g
白油	108g	盐	8g
		香油	20ml
油酥		白胡椒粉	4g
低筋面粉	170g	装饰	
白油	85g	蛋清（打散）	2 个
		生白芝麻	30g

2

做法

❶ 将冷开水、细砂糖、盐倒入钢盆，稍微拌匀，加入中筋面粉、白油，拌匀后揉成不黏手的团状。盖上保鲜膜，放置 20 分钟让面团醒发，即为油皮。将低筋面粉、白油放入钢盆，拌匀后揉成无面粉颗粒的团状，即为油酥。

❷ 将油皮搓长后分为 24 等份，油酥搓长后分为 24 等份，备用。取 1 份油皮包入 1 份油酥，擀卷 2 次，盖上保鲜膜，放置 15 分钟让面团醒发，即为油酥皮。

❸ 将白萝卜丝放入调理盆，加入 5g 盐，用手抓匀并使白萝卜丝释出水分，将其挤干；与虾米碎、小葱末、香油、白胡椒粉、3g 盐拌匀，即为萝卜丝馅。挤干水分后分为 24 等份，备用。

❹ 取 1 份油酥皮，擀成直径约 7 厘米的圆片，包入 1 份萝卜丝馅，并包成圆形，收口捏紧。依序完成所有包馅动作。

❺ 收口朝上蘸一层蛋清，再粘一层生白芝麻；依序完成所有粘芝麻动作，芝麻面朝上排入烤盘。

❻ 放入以上火 200℃ / 下火 190℃预热好的烤箱，烤 17 分钟后将烤盘调头，续烤 5 分钟至表面呈金黄色即可。

3

4

5

{ 零失败秘诀 }

白萝卜丝必须挤干水分，烘烤时才不容易爆馅。

6

泡菜卷饼

属性：半烫面团	数量：4 份
火候：中小火	
时间：煎 8 分钟 ▸ 5 分钟	最佳品尝期：室温 1 天 / 冷藏 3 天

做法

❶ 将中筋面粉、盐倒入钢盆，先以滚水冲入面粉中，边冲边用擀面杖拌匀呈雪花状，再加入冷开水，拌匀后揉成不黏手的团状。盖上保鲜膜，放置 20 分钟让面团醒发。

❷ 将面团分成 4 等份（每份约 100g），每份面团擀成厚约 0.2 厘米的大圆片，于面皮上涂上一层色拉油，并以百褶裙方式整形，两端往中间卷成螺旋状，稍微压扁。依序完成所有卷制动作。

❸ 取一个有深度的盘子，倒入剩余的色拉油，将卷好的面团泡入色拉油，按压让油吸入面团中，翻面后重复此动作，再擀成直径约 25 厘米的圆片。

❹ 热锅，在锅面抹上一层薄薄色拉油，排入卷饼面团，以中小火先煎一面，8 分钟至呈金黄色，翻面后续煎 5 分钟至熟且两面金黄；在最后煎制过程中用锅铲进行推压动作，让卷饼呈现松软酥脆感后取出。

❺ 将煎好的卷饼放在砧板上，铺上适量生菜丝、韩式泡菜，慢慢卷起。依序完成其他饼皮包卷动作即可。

｛ 零失败秘诀 ｝

⟩ 做法 2 完成的生面皮，可以在每片之间盖上一层保鲜膜，方便之后取用；此时若将其放入塑料袋，可冷冻保存约 20 天。

⟩ 生菜可以换成紫甘蓝、圆白菜等。

材料

面团

中筋面粉	250g
盐	2g
滚水	100ml
冷开水	65ml

内馅

| 生菜（切丝） | 60g |
| 韩式泡菜 | 300g |

其他

| 色拉油 | 100ml |

奶皇包

属性：发酵面团	数量：28 个
火候：中小火	时间：蒸 20 分钟
最佳品尝期：室温 1 天 / 冷藏 3 天	

做法

① 将冷开水、速溶酵母倒入钢盆中，拌匀至酵母溶解，加入已过筛的中筋面粉、泡打粉，再加入黄豆粉、细砂糖、白油、食用黄色素，拌匀后揉成不黏手的团状。盖上保鲜膜，放置 30 分钟让面团醒发。

② 将咸蛋黄排入烤盘，喷上少许米酒（材料外），放入以上火 170℃ / 下火 170℃ 预热好的烤箱，烤 7 分钟至咸蛋黄表面出现泡泡状，取出后冷却，再透过细筛网压成粉状。

③ 将牛奶、细砂糖、盐放入汤锅，以小火加热至细砂糖溶解，加入无盐奶油拌匀后关火；待冷却，加入全蛋拌匀，再倒入吉士粉、中筋面粉，采用隔水加热的方式，边煮边搅拌至浓稠状；加入咸蛋黄粉拌匀，盖上保鲜膜，放入冰箱冷藏至稍微硬，即为内馅。

④ 将内馅分为 28 等份，取出面团，搓长后分为 28 等份，每份小面团擀成直径 7 厘米的圆片，包入 1 份内馅，并包成圆形，收口捏紧。依序完成所有包馅动作。

⑤ 在每个奶皇包底下垫 1 张蒸笼纸，排入蒸锅，盖上锅盖，放置 30 分钟让面团发酵至原来的 2 倍大，用中小火蒸约 20 分钟至熟后取出。将食用红色素以冷开水拌匀，用专用压模盖上红色印记即可。

{ 零失败秘诀 }

蒸奶皇包时，下层需要放一个空笼蒸，可以防止包子产生死面组织。

材料

面团
冷开水	275ml
速溶酵母	6g
中筋面粉	500g
泡打粉	7g
黄豆粉	10g
细砂糖	50g
白油	10g
食用黄色素	2ml

内馅
咸蛋黄	12 个
牛奶	200ml
细砂糖	280g
盐	2g
无盐奶油	100g
全蛋	200g
吉士粉	40g
中筋面粉	60g

装饰
食用红色素	1ml
冷开水	10ml

酸菜牛肉饼

属性：半烫面团		数量：10 个	

火候：中小火

时间：煎 8 分钟，5 分钟

最佳品尝期：室温 1 天 / 冷藏 3 天

材料

面团		酱油	5ml
中筋面粉	250g	米酒	5ml
盐	2g	盐	3g
滚水	100ml	细砂糖	5g
冷开水	65ml	白胡椒粉	5g
内馅		香油	10ml
酸菜	100g	小葱（切末）	20g
牛绞肉	350g	姜（切末）	5g
冷开水	15ml		

做法

❶ 将中筋面粉、盐倒入钢盆，先以滚水冲入面粉中，边冲边用擀面杖拌匀呈雪花状，再加入冷开水，拌匀后揉成不黏手的团状。盖上保鲜膜，放置 20 分钟让面团醒发。

❷ 将酸菜冲水至无咸味，将牛绞肉放入调理盆，加入冷开水、酱油、米酒、盐、细砂糖、白胡椒粉、香油、小葱末、姜末拌匀，加入沥干水分的酸菜拌匀，即为酸菜牛肉馅。

❸ 将面团分为 10 等份，每份擀成直径约 10 厘米的圆片，包入约 40g 酸菜牛肉馅，并捏成包子状，收口捏紧。依序完成所有包馅动作，并将全部馅饼稍微压扁。

❹ 将平底锅加热，抹上一层色拉油（材料外），排入馅饼，以中小火先煎一面，煎 8 分钟至呈金黄色，翻面后续煎 5 分钟至熟且两面金黄即可。

｛零失败秘诀｝

冷藏后的面点，请以微波炉高火复热 1 分钟，即可食用。

肉馅与少许水或高汤拌匀，这样可以让肉馅汤汁饱满，馅饼会更好吃。

酸菜牛肉馅若用不完，可以炒熟后当正餐配菜食用。

绿豆沙锅饼

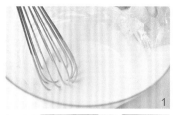

属性：面糊类	数量：4 份
火候：中小火	时间：煎 3 分钟 → 2 分钟
最佳品尝期：室温 1 天 / 冷藏 3 天	

材料

面糊

中筋面粉	150g
细砂糖	25g
色拉油	10ml
冷开水	150ml

内馅

绿豆沙馅	300g
（制作步骤参见 P21）	
猪油	10g

装饰

生白芝麻	20g

做法

❶ 将中筋面粉过筛于调理盆中，加入细砂糖、色拉油、冷开水，拌匀成面糊。盖上保鲜膜，放置 10 分钟醒发。

❷ 将绿豆沙馅抓松且均匀裹上猪油，再装入塑料袋，以擀面杖擀成厚约 0.1 厘米的长方形，将塑料袋四周剪开，切成 4 等份，备用。

❸ 平底锅加热，倒入 10ml 色拉油（材料外），用小火加热，取 2 汤勺面糊。慢慢摇晃平底锅，使面糊均匀分布于平底锅，铺上 1 份绿豆沙馅（记得去除塑料袋），煎约 3 分钟，待饼皮定型且四周微微掀起，往内折并包覆绿豆沙馅呈长方形。

❹ 取出后，将其修边成漂亮的长方形，将收口面朝下放于平盘，刷上一层冷开水（材料外），均匀撒上生白芝麻。芝麻面朝下放入原来的平底锅，以中小火煎约 2 分钟，让饼皮两面呈现稍微焦黄色后取出，再切成小块即可盛盘。依序完成其他 3 份面糊与包绿豆沙馅的动作。

{ 零失败秘诀 }

┊ 冷藏后的面点，请以微波炉高火复热 1 分钟，即可食用。

┊ 若绿豆沙馅无法完整包覆，可以再倒入适量面糊补平。

┊ 面糊较容易粘锅，因此平底锅中要有一点点油，可以防止饼皮粘锅。

熏鸡腿卷饼

属性：半烫面团		数量：4 份	
火候：小火→中小火			
时间：熏 5 分钟→煎 8 分钟→5 分钟			
最佳品尝期：室温 1 天 / 冷藏 3 天			

做法

❶ 将中筋面粉、盐倒入钢盆，先以滚水冲入面粉中，边冲边用擀面杖拌匀呈雪花状，再加入冷开水，拌匀后揉成不黏手的团状。盖上保鲜膜，放置 20 分钟让面团醒发。

❷ 将面团分成 4 等份（每份约 100g），每份面团擀成厚约 0.2 厘米的大圆片，于面皮上涂上一层色拉油，并以百褶裙的方式整形，两端往中间卷成螺旋状，稍微压扁。依序完成所有卷制动作。

❸ 取一个有深度的盘子，倒入剩余色拉油，将卷好的面团泡入色拉油，按压让油吸入面团中，翻面后重复此动作，再擀成直径约 25 厘米的圆片。

❹ 将去骨鸡腿放入汤锅，加入卤包、小葱段、洋葱片、酱油、冷开水和冰糖，以大火煮滚后，转中小火续卤 15 分钟至入味，捞起后沥除卤汁。取 1 张铝箔纸（材料外）铺于平底锅，铺上细砂糖，并架上蒸架，再放上去骨鸡腿，盖上锅盖，以小火烟熏到产生烟雾且鸡腿上色（约 5 分钟）。关火后取出鸡腿，待冷却后切条状，备用。

❺ 热锅，在锅面抹上一层薄薄的色拉油，排入卷饼面团，以中小火先煎一面，煎 8 分钟至呈金黄色，翻面后续煎 5 分钟至熟且两面金黄；在最后的煎制过程中用锅铲进行推压动作，让卷饼呈现松软酥脆感后取出。

❻ 将煎好的卷饼放在砧板上，铺上适量小黄瓜丝、烟熏鸡腿，慢慢卷起。依序完成其他饼皮包卷动作即可。

材料

面团
中筋面粉	250g
盐	2g
滚水	100ml
冷开水	65ml

内馅
去骨鸡腿（3 只）	210g
卤包	1 包
小葱（切段）	25g
洋葱（切片）	40g
酱油	30ml
冷开水	300ml
冰糖	25g
细砂糖	40g
小黄瓜（切丝）	60g

其他
色拉油	100ml

烤鸭荷叶饼

属性：半烫面团	数量：20 份
火候：中小火	
时间：煎 2 ~ 3 分钟	最佳品尝期：室温 1 天

做法

❶ 将中筋面粉倒入钢盆，先以滚水冲入面粉中，边冲边用擀面杖拌匀呈雪花状，再加入冷开水，拌匀后揉成不黏手的团状。盖上保鲜膜，放置 20 分钟让面团醒发。

❷ 将小葱切小段，烤鸭切片，备用。

❸ 将面团搓长后分为 20 等份，收圆后压扁，依序蘸上一层色拉油、中筋面粉，并将每两个小面团重叠后压扁。盖上保鲜膜，放置一旁，醒发 20 分钟。

❹ 将醒发好的面团用擀面杖擀成直径约12厘米的圆片，放入已加热的平底锅，用中小火干烙至面皮稍微鼓起且两面上色，趁热将面皮撕成两片。依序完成其他面皮干烙与撕开动作。

❺ 将煎好的面皮铺于砧板上，抹上适量甜面酱，铺上烤鸭片、小葱段，包裹后即可。

{ 零失败秘诀 }

┊ 冷藏后的饼皮请放入平底锅，以小火干烙复热，即可食用。

┊ 烤鸭骨头可以拿来熬汤，用不完的面皮，也能拿来包裹生菜，类似春卷的吃法。

┊ 面皮在干烙完成时要趁热撕开，如果不易撕开，可以稍微闷 1 分钟，使面皮软化。

材料

面团

中筋面粉	300g
滚水	120ml
冷开水	90ml

内馅

小葱	50g
烤鸭	300g
甜面酱	50g

装饰

色拉油	30ml
中筋面粉	40g

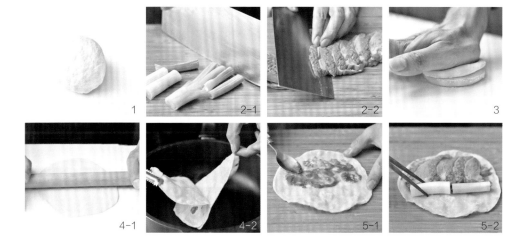

1   2-1   2-2   3

4-1   4-2   5-1   5-2

蜜汁叉烧酥

属性: 油酥皮	数量: 18 个
火候: 上火 200℃ / 下火 185℃（单火 190℃）	
时间: 烤 20 分钟 → 5 分钟	
最佳品尝期: 室温 1 天 / 冷藏 3 天	

材料

油皮

冷开水	120ml
细砂糖	30g
中筋面粉	300g
无盐奶油	120g

油酥

低筋面粉	250g
无盐奶油	125g

内馅

细砂糖	40g
玉米粉	11g
木薯淀粉	11g
色拉油	16ml
冷开水	100ml
酱油	16ml
盐	2g
叉烧肉（切小丁）	200g

装饰

蛋黄（打散）	2 个
生黑芝麻	5g

做法

❶ 将冷开水、细砂糖倒入钢盆并拌匀，加入中筋面粉、无盐奶油，拌匀后揉成不黏手的团状；盖上保鲜膜，放置 20 分钟让面团醒发，即为油皮。将低筋面粉、无盐奶油放入钢盆，拌匀后揉成无面粉颗粒的团状，即为油酥，备用。

❷ 将油皮擀成大圆片，放上油酥，包裹完成后收口捏紧，擀成厚约 0.2 厘米的长椭圆形，以三折法叠成长方形，转 90 度后翻面使收口朝上；重复擀折一次，再转 90 度后翻面使收口朝上；擀折最后一次（共擀折三次）。盖上保鲜膜，放置 15 分钟让面皮醒发，备用。

❸ 将除叉烧肉以外的内馅材料放入汤锅，以中小火加热并搅拌浓稠，关火。加入叉烧肉充分拌匀，待冷却，即为叉烧馅。

❹ 将醒发完成的油酥皮擀成厚约 0.2 厘米的长方形，取直径 9 厘米的压模，在油酥皮上按压成圆形片，共 18 个；每片圆形外围刷上一层冷开水（材料外），分别铺上 1 大匙叉烧馅，对折成半月形。依序完成所有铺馅与对折动作。

❺ 用原本的压模在每个半月形周围慢慢压紧，使开口完全密合，排入烤盘，均匀刷上蛋黄液，放置 5 分钟；用长竹签在表面刺数个小洞，再均匀撒上生黑芝麻。

❻ 放入以上火 200℃ / 下火 185℃ 预热好的烤箱，烤 20 分钟后将烤盘调头，续烤 5 分钟至表面呈金黄色即可。

莲蓉蛋黄酥

属性：油酥皮	数量：18 个

火候：上火 200℃ / 下火 185℃（单火 190℃）

时间：烤 20 分钟→ 5 分钟

最佳品尝期：室温 3 天 / 冷藏 6 天

材料

油皮		白油	125g
冷开水	120ml	内馅	
细砂糖	30g	莲蓉馅	540g
中筋面粉	300g	咸蛋黄	18 个
白油	120g	装饰	
油酥		蛋黄（打散）	2 个
低筋面粉	250g	生白芝麻	5g

做法

❶ 分别制作油皮和油酥。将油皮搓长后分为 18 等份，油酥搓长后分为 18 等份，备用；取 1 份油皮包入 1 份油酥，擀卷 2 次，盖上保鲜膜，放置 15 分钟让面团醒发，即为油酥皮（详细步骤参见 P13 ～ 15）。

❷ 将莲蓉馅分为 18 等份，将咸蛋黄排入烤盘，喷上少许米酒（材料外），放入以上火 170℃ / 下火 170℃预热好的烤箱，烤 7 分钟至咸蛋黄表面出现泡泡状，取出后冷却。

❸ 取 1 份油酥皮，擀成直径约 7 厘米的圆片，包入 1 份莲蓉馅、1 个咸蛋黄，并包成圆形，收口捏紧后排入烤盘。依序完成所有包馅动作。

❹ 均匀刷上蛋黄液，撒上生白芝麻，放入以上火 200℃ / 下火 185℃预热好的烤箱，烤 20 分钟后将烤盘调头，续烤 5 分钟至表面呈金黄色即可。

{ 零失败秘诀 }

冷藏后的面点，请以 150℃烤 12 分钟复热，即可食用。

莲蓉馅胶性强，烘烤时不容易爆馅。当烘烤时看到外表呈金黄色，即可取出。

炸银丝卷

属性：发酵面团		数量：10 个	
火候：中火→油温 180℃			
时间：蒸 17 分钟→炸 1 ~ 2 分钟		最佳品尝期：室温 1 天	

做法

❶ 将冷开水、速溶酵母倒入钢盆并拌匀，加入已过筛的中筋面粉、泡打粉，再加入黄豆粉、细砂糖、白油，拌匀后揉成不黏手的团状；盖上保鲜膜，放置 30 分钟让面团醒发。取 300g 面团，加入食用黄色素揉成不黏手的黄色面团，盖上保鲜膜，放置 30 分钟让面团醒发。

❷ 将白色面团擀成厚约 0.3 厘米的长椭圆形，切成 10 等份的长方形；将黄色面团擀成厚约 0.3 厘米的长方形（长 25 厘米 × 宽 13 厘米），对切成 2 个长方形，在其中一片面皮上刷一层色拉油（材料外），再叠上另一片，用擀面杖轻轻擀制让面皮彼此密合；每隔约 0.3 厘米切细条，均匀刷上一层薄薄的色拉油（材料外），备用。

❸ 为每片白色面皮刷上一层色拉油（材料外），铺上适量黄色面条，对折后卷起。依序完成其他包卷动作。

❹ 在每个银丝卷底下垫 1 张蒸笼纸，排入蒸锅，盖上锅盖，放置 30 分钟让面团发酵至原来的 2 倍大，用中火蒸约 17 分钟至熟后取出，待冷却。

❺ 取适量色拉油（材料外）倒入锅中，加热至 180℃，放入银丝卷，以半煎半炸方式烹调至金黄酥脆（1~2 分钟），捞起后沥干油，待冷却后切块，盛盘后搭配炼乳、熟花生粉一起食用。

{ 零失败秘诀 }

刷在黄色面条上的色拉油不宜太多，以免产生白色面皮与黄色面条分离的状况。

材料

面团

冷开水	390ml
速溶酵母	11g
中筋面粉	750g
泡打粉	7g
黄豆粉	10g
细砂糖	50g
白油	10g
食用黄色素	1ml

其他

炼乳	30ml
熟花生粉	20g

1

2-1

2-2

2-3

3

4

5-1

5-2

牛肉大卷饼

属性：半烫面团	数量：4 份
火候：中小火	
时间：煎 8 分钟→5 分钟	最佳品尝期：室温 1 天 / 冷藏 3 天

做法

❶ 将中筋面粉、盐倒入钢盆，先以滚水冲入面粉中，边冲边用擀面杖拌匀呈雪花状，再加入冷开水，拌匀后揉成不黏手的团状。盖上保鲜膜，放置 20 分钟让面团醒发。

❷ 将面团分成 4 等份（每份约 100g），将每份面团擀成厚约 0.2 厘米的大圆片，于面皮上涂上一层色拉油，并以百褶裙方式整形，两端往中间卷成螺旋状，稍微压扁。依序完成所有卷制动作。

❸ 取一个有深度的盘子，倒入适量色拉油，将卷好的面团泡入色拉油，按压让面团吸入面中，翻面后重复此动作，擀成直径约 25 厘米的圆片。

❹ 将牛腱放入汤锅，加入卤包、小葱段、洋葱片、酱油、冷开水、冰糖、五香粉、白胡椒粉，以大火煮滚后，转中小火续卤 35 分钟至入味且软；捞起后沥除卤汁，待冷却后切片，备用。

❺ 热锅，在锅面抹上一层薄薄的色拉油，排入卷饼面团，以中小火先煎一面，煎 8 分钟至呈金黄色，翻面后续煎 5 分钟至熟且两面金黄，在最后的煎制过程中用锅铲进行推压动作，让饼呈现松软酥脆感后，取出。

❻ 将煎好的卷饼放在砧板上，抹上适量甜面酱，铺上适量卤牛腱、小葱段，慢慢卷起。依序完成其他饼皮包卷动作即可。

{ 零失败秘诀 }

这类卷饼可以整卷包着吃，也可以切块后食用，非常容易带来饱腹感。

材料

面团

中筋面粉	250g
盐	2g
滚水	100ml
冷开水	65ml

内馅

牛腱（1 个）	130g
卤包	1 包
小葱（切段）	25g
洋葱（切片）	40g
酱油	30ml
冷开水	300ml
冰糖	25g
五香粉	5g
白胡椒粉	10g
甜面酱	50g

其他

色拉油	100ml

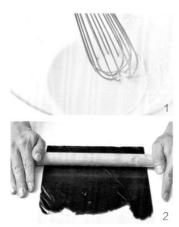

枣泥锅饼

属性：	面糊类	数量：	2 份
火候：	中小火	时间：	煎 3 分钟→2 分钟
最佳品尝期：	室温 1 天 / 冷藏 3 天		

材料

面糊		内馅	
中筋面粉	50g	枣泥馅	100g
全蛋	100g	（制作步骤参见 P22）	
冷开水	70ml		

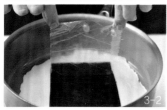

做法

❶ 将中筋面粉过筛于调理盆，加入全蛋、冷开水，拌匀成面糊。盖上保鲜膜，放置 10 分钟。

❷ 将枣泥馅装入塑料袋，以擀面杖擀成厚约 0.1 厘米的长方形，将塑料袋四周剪开，切成 2 等份，备用。

❸ 将平底锅加热，倒入 10ml 色拉油（材料外），用小火加热，取 2 汤勺面糊置锅内，慢慢摇晃平底锅，使面糊均匀分布于平底锅，铺上 1 份枣泥馅（记得去除塑料袋），煎约 3 分钟；待饼皮定型且四周微微翘起，往内折并包覆枣泥馅呈长方形，取出后，将其修边成漂亮的长方形。

❹ 放入原来的平底锅，以中小火煎约 2 分钟，让饼皮两面呈现稍微焦黄色后取出，切成小块再盛盘。依序完成另一份面糊与包枣泥馅动作。

{ 零失败秘诀 }

冷藏后的面点，请以微波炉高火复热 1 分钟，即可食用。

若枣泥馅无法完整包覆，可以倒入适量面糊补平。

拌好的面糊需要放置一段时间再煎制，这样能让饼皮更细、更绵。

北方抓饼

属性：半烫面团	数量：4 份
火候：中小火	
时间：煎 8 分钟→5 分钟	
最佳品尝期：室温 1 天 / 冷藏 3 天	

材料

面团		内馅	
中筋面粉	250g	炼乳	30ml
盐	2g	其他	
滚水	100ml	色拉油	100ml
冷开水	65ml		

做法

❶ 将中筋面粉、盐倒入钢盆，先以滚水冲入面粉中，边冲边用擀面杖拌匀呈雪花状，再加入冷开水，拌匀后揉成不黏手的团状。盖上保鲜膜，放置 20 分钟让面团醒发。

❷ 将面团分成 4 等份（每份约 100g），每份面团擀成厚约 0.2 厘米的大圆片，于面皮上涂上一层色拉油，并以百褶裙方式整形，两端往中间卷成螺旋状，稍微压扁。依序完成所有卷制动作。

❸ 取一个有深度的盘子，倒入剩余色拉油，将卷好的面团泡入色拉油，按压让油吸入面团中，翻面后重复此动作，再擀成直径约 25 厘米的圆片。

❹ 热锅，在锅面抹上一层薄薄的色拉油，排入卷饼面团，以中小火先煎一面，煎 8 分钟至呈金黄色，翻面后续煎 5 分钟至熟且两面金黄；在最后的煎制过程中用锅铲进行推压动作，让卷饼呈现松软酥脆感后取出，蘸炼乳一起食用。

{ 零失败秘诀 }

折百褶裙的宽度要一致，不宜忽大忽小。

蟹壳黄

属性：发酵油酥皮　　　　数量：24 个

火候：上火 220℃ / 下火 200℃（单火 210℃）

时间：烤 15 分钟→5 分钟

最佳品尝期：室温 1 天 / 冷藏 3 天

做法

❶ 将冷开水、速溶酵母倒入钢盆中，拌匀至酵母溶解，加入细砂糖、盐、中筋面粉、白油，拌匀后揉成不黏手的团状。盖上保鲜膜，放置 20 分钟让面团醒发，即为油皮。将低筋面粉、白油放入钢盆，拌匀后揉成无面粉颗粒的团状，即为油酥。将油皮搓长后分为 24 等份，油酥搓长后分为 24 等份，备用。

❷ 取 1 份油皮包入 1 份油酥，擀卷 2 次，盖上保鲜膜，放置 15 分钟让面团醒发即为油酥皮（详细步骤参见 P13 ~ 15）。

❸ 将内馅全部材料放入钢盆，混合拌匀，即为葱油馅。

❹ 取 1 份油酥皮，擀成直径约 6 厘米的圆片，包入约 30g 葱油馅，并包成圆形，收口捏紧。依序完成所有包馅动作。

❺ 将细砂糖、冷开水拌匀，即为糖水，每个饼的收口朝上蘸一层糖水，再粘裹一层生白芝麻，放置 20 分钟让面团发酵至原来的 1.5 倍大。

❻ 放入以上火 220℃ / 下火 200℃预热好的烤箱，烤 15 分钟后将烤盘调头，续烤 5 分钟至表面呈金黄色即可。

{零失败秘诀}

油酥皮表面蘸上一层糖水，烘烤后的成品会更香，但也比较容易焦，所以上火温度必须控制好。

材料

油皮

冷开水	224ml
速溶酵母	8g
细砂糖	12g
盐	4g
中筋面粉	400g
白油	80g

油酥

低筋面粉	261g
白油	117g

内馅

小葱（切末）	600g
白油	84g
白胡椒粉	9g
盐	9g

装饰

细砂糖	20g
冷开水	40ml
生白芝麻	30g

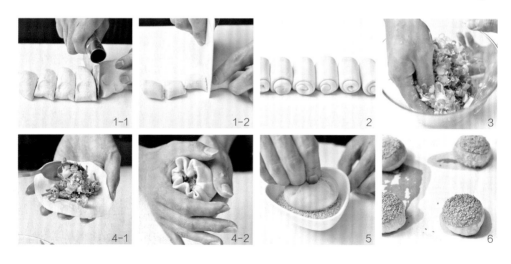

1-1　　1-2　　2　　3
4-1　　4-2　　5　　6

材料

面团

低筋面粉	400g
泡打粉	4g
猪油	240g
盐	4g
冷开水	28ml
细砂糖	240g
全蛋	80g

装饰

蛋清	30g
生白芝麻	30g

金钱饼

属性: 浆团类	数量: 30 个
火候: 上火 190℃ / 下火 180℃ （单火 185℃）	
时间: 烤 15 分钟→5 分钟	
最佳品尝期: 室温 3 天 / 冷藏 6 天	

做法

❶ 将低筋面粉与泡打粉混合过筛于钢盆，加入猪油、盐、冷开水、细砂糖、全蛋，混合拌匀，再揉成不黏手的团状。盖上保鲜膜，放置 20 分钟让面团醒发。

❷ 将面团搓成直径约 1.5 厘米的圆柱，再切成 30 等份的小面团，在每份小面团表面刷上一层蛋清，再粘上一层生白芝麻。

❸ 排入烤盘，放入以上火 190℃ / 下火 180℃ 预热好的烤箱，烤 15 分钟后将烤盘调头，续烤 5 分钟至表面呈金黄色即可。

{ 零失败秘诀 }

⫶ 面点刚出炉时会软软的，待冷却后，就会呈现酥脆口感。

第五章

充满惊喜的创意面点

本章将介绍 25 款创意内馅和造型，中西风味混合，

甚至将狮子头、麻油鸡、宫保鸡丁包入面皮中，

富含营养的果干、黑芝麻也能变成配方，

让大家品尝充满创意的惊喜滋味！

材料

面团
中筋面粉	250g
盐	2g
滚水	100ml
冷开水	65ml

内馅
黄金泡菜	300g

黄金泡菜馅饼

属性：半烫面团	数量：10 个
火候：中小火	
时间：煎 8 分钟→5 分钟	
最佳品尝期：室温 1 天 / 冷藏 3 天	

做法

❶ 将中筋面粉、盐倒入钢盆，先以滚水冲入面粉中，边冲边用擀面杖拌匀呈雪花状，再加入冷开水，拌匀后揉成不黏手的团状。盖上保鲜膜，放置 20 分钟让面团醒发。

❷ 将面团分为 10 等份，擀成直径约 10 厘米的圆片，包入约 30g 黄金泡菜，并捏成包子状，收口捏紧。依序完成所有包馅动作，并将全部馅饼稍微压扁。

❸ 将平底锅加热，抹上一层色拉油（材料外），排入馅饼，以中小火先煎一面，煎 8 分钟至呈金黄色，翻面后续煎 5 分钟至熟且两面金黄即可。

{ 零失败秘诀 }

黄金泡菜必须沥干水分才能包入面皮中，以免爆陷。

材料

面团
冷开水	440ml
速溶酵母	16g
中筋面粉	800g
泡打粉	12g
奶粉	16g
细砂糖	80g
白油	18g

内馅
八宝杂粮（熟）	200g

1-1

1-2

2

八宝杂粮馒头

属性：发酵面团	数量：22 个
火候：中小火	
时间：蒸 15 分钟	
最佳品尝期：室温 1 天 / 冷藏 3 天	

做法

❶ 将冷开水、速溶酵母倒入钢盆中，拌匀至酵母溶解，加入已过筛的中筋面粉、泡打粉、奶粉，再加入细砂糖、白油，拌匀后揉成不黏手的团状。盖上保鲜膜，放置 30 分钟让面团醒发。取出面团，擀成厚约 0.3 厘米的长方形，刷上一层薄薄的冷开水（材料外），均匀撒上八宝杂粮，卷成圆柱状，切成 5 厘米长的小段（每段约 60g）。

❷ 在每个八宝杂粮馒头底下垫 1 张蒸笼纸，排入蒸锅，盖上锅盖，放置 30 分钟让面团发酵至原来的 2 倍大，用中小火蒸 15 分钟至熟即可。

{ 零失败秘诀 }

⫶ 八宝杂粮可直接购买成品。如果要亲手制作，则将杂粮泡软后蒸熟，并沥干水分，否则会影响馒头的发酵程度。

蝴蝶花卷

属性：发酵面团	数量：20 个
火候：中小火	时间：蒸 20 分钟
最佳品尝期：室温 1 天 / 冷藏 3 天	

材料

面团		内馅	
冷开水	275ml	色拉油	40ml
速溶酵母	6g	白胡椒粉	9g
中筋面粉	500g	盐	9g
泡打粉	7g	小葱（切末）	150g
黄豆粉	10g	火腿（切末）	150g
细砂糖	50g		
白油	10g		

做法

❶ 将冷开水、速溶酵母倒入钢盆中，拌匀至酵母溶解，加入已过筛的中筋面粉、泡打粉，再加入黄豆粉、细砂糖、白油，拌匀后揉成不黏手的团状。盖上保鲜膜，放置 30 分钟让面团醒发。

❷ 取出面团，擀成厚约 0.3 厘米的长方形，刷上一层色拉油，均匀撒上白胡椒粉、盐；面皮一半撒上葱末，另一半撒上火腿末，卷成圆柱状，切约 4 厘米长的小段（每段约为 55g）。

❸ 将每段面团侧边刷上一层薄薄的冷开水（材料外），每两个黏在一起，再用竹筷往中间夹，形成蝴蝶造型。依序完成所有塑型动作。

❹ 在每个蝴蝶花卷底下垫 1 张蒸笼纸，盖上锅盖，放置 30 分钟让面团发酵至原来的 2 倍大，用中小火蒸约 20 分钟至熟，即可取出。

{ 零失败秘诀 }

冷藏后的面点，请以大火蒸 10 分钟复热，即可食用。

蒸包子或馒头时，火候不宜太大且锅盖需要留一点点缝隙，让蒸汽释出，以防蒸笼内温度太高而导致面皮皱缩。

红豆麻糬包

属性：发酵面团	数量：21 个
火候：中小火	时间：蒸 20 分钟
最佳品尝期：室温 1 天 / 冷藏 3 天	

做法

❶ 将冷开水、速溶酵母倒入钢盆中，拌匀至酵母溶解，加入已过筛的中筋面粉、泡打粉，再加入黄豆粉、细砂糖、白油，拌匀后揉成不黏手的团状。盖上保鲜膜，放置 30 分钟让面团醒发。

❷ 将奶油红豆沙馅分为 21 等份。取出面团，搓长后分为 21 等份，每份小面团擀成直径约 7 厘米的圆片，包入 1 份奶油红豆沙馅、1 个冷冻麻糬，收口捏紧；用锯齿片在面皮上轻轻划出 8 条线，做造型。依序完成所有包馅与塑型动作。

❸ 在蒸锅底下垫 1 张蒸笼纸，将包子排入蒸锅，盖上锅盖，放置 30 分钟让面团发酵至原来的 2 倍大，用中小火蒸约 20 分钟至熟后取出。

❹ 将食用红色素以冷开水拌匀，用筷子蘸上食用红色素，在蒸好的包子上点 3 个点即可。

{ 零失败秘诀 }

⋮ 冷藏后的面点，请以大火蒸 10 分钟复热，即可食用。

⋮ 蒸包子时，建议下层放空笼蒸，可以防止水蒸气直接传热到包子，使包子产生死皮面。

材料

面团

冷开水	275ml
速溶酵母	6g
中筋面粉	500g
泡打粉	7g
黄豆粉	10g
细砂糖	50g
白油	10g

内馅

奶油红豆沙馅	525g
（制作步骤参见 P20）	
冷冻麻糬	21 个

装饰

食用红色素	1ml
冷开水	10ml

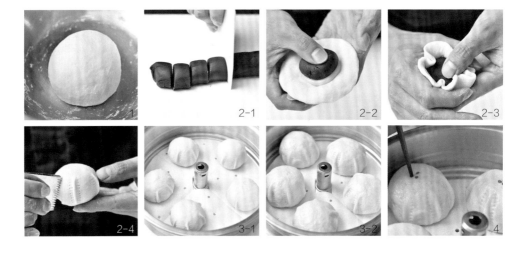

南瓜造型包

属性：发酵面团	数量：21 个
火候：中小火	时间：蒸 20 分钟
最佳品尝期：室温 1 天 / 冷藏 3 天	

做法

❶ 将冷开水、速溶酵母倒入钢盆中，拌匀至酵母溶解，加入已过筛的中筋面粉、泡打粉，再加入黄豆粉、细砂糖、白油、食用黄色素，拌匀后揉成不黏手的团状，即为黄色面团。盖上保鲜膜，放置 30 分钟让面团醒发。

❷ 将冷开水、速溶酵母倒入钢盆中，拌匀至酵母溶解，加入已过筛的中筋面粉、泡打粉，再加入黄豆粉、细砂糖、白油、食用绿色素，拌匀后揉成不黏手的团状，即为绿色面团。盖上保鲜膜，放置 30 分钟让面团醒发。

❸ 将南瓜泥与白豆沙馅混合拌匀，分为 21 等份。

❹ 取出黄色面团，搓长后分为 21 等份；将绿色面团搓细长后，切成等长的 21 小段，作为南瓜梗。

❺ 将每个黄色小面团擀成直径约 7 厘米的圆片，包入 1 份南瓜豆沙馅，并包成圆形，收口捏紧；在面团上压出 4 条直线痕，中间用竹筷转出一个小洞，插上 1 个绿色梗。依序完成所有包馅及压痕动作。

❻ 在每个包子底下垫 1 张蒸笼纸，排入蒸锅，盖上锅盖，放置 30 分钟让面团发酵至原来的 2 倍大，用中小火蒸约 20 分钟至熟即可。

{ 零失败秘诀 }

⫶ 冷南瓜泥含水量多，加一些白豆沙馅，可以让内馅变得稍硬。

⫶ 冷南瓜泥可以购买成品，也可以将 500g 新鲜南瓜去皮、去瓤后蒸熟，趁热加入 50g 细砂糖并拌匀即可。

材料

黄色面团

冷开水	275ml
速溶酵母	6g
中筋面粉	500g
泡打粉	7g
黄豆粉	10g
细砂糖	50g
白油	10g
食用黄色素	1ml

绿色面团

冷开水	28ml
速溶酵母	1g
中筋面粉	50g
泡打粉	1g
黄豆粉	1g
细砂糖	5g
白油	1g
食用绿色素	0.5ml

内馅

南瓜泥	300g
白豆沙馅	400g

（制作步骤参 P21）

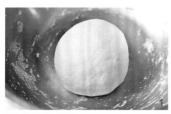

火腿小花卷

属性：发酵面团	数量：40 个
火候：中小火	时间：蒸 20 分钟
最佳品尝期：室温 1 天 / 冷藏 3 天	

材料

面团		内馅	
冷开水	275ml	色拉油	40ml
速溶酵母	6g	白胡椒粉	9g
中筋面粉	500g	盐	9g
泡打粉	7g	小葱（切末）	150g
黄豆粉	10g	火腿（切细丁）	150g
细砂糖	50g		
白油	10g		

做法

❶ 将冷开水、速溶酵母倒入钢盆中，拌匀至酵母溶解，加入已过筛的中筋面粉、泡打粉，再加入黄豆粉、细砂糖、白油，拌匀后揉成不黏手的团状。盖上保鲜膜，放置 30 分钟让面团醒发。

❷ 取出面团，压扁后擀成厚约 0.3 厘米的长椭圆形，刷上一层色拉油，均匀撒上白胡椒粉、盐，再撒上小葱末、火腿丁；拉起一端面皮，对折成半月形，每隔 1.5 厘米切一刀，共切出 40 个面团，接着轻轻压面皮，使之与馅料密合。

❸ 将每条面皮稍微拉长，每两条叠在一起，用筷子在中线压到底，再绕一个数字 8，呈花卷状，抽出筷子即可。依序完成其他花卷。

❹ 在每个花卷底下垫 1 张蒸笼纸，排入蒸锅，盖上锅盖，放置 30 分钟让面团发酵至原来的 2 倍大，用中小火蒸约 20 分钟至熟即可。

{ 零失败秘诀 }

⎮ 冷藏后的面点，请以大火蒸 10 分钟复热，即可食用。

豹纹刈包

属性：发酵面团	数量：20 个
火候：中小火	时间：蒸 15 分钟
最佳品尝期：室温 1 天 / 冷藏 3 天	

材料

面团		黄豆粉	10g
冷开水	275ml	细砂糖	50g
速溶酵母	6g	白油	10g
中筋面粉	500g	焦糖色素	2ml
泡打粉	7g		

做法

❶ 将冷开水、速溶酵母倒入钢盆中，拌匀至酵母溶解，加入已过筛的中筋面粉、泡打粉，再加入黄豆粉、细砂糖、白油，拌匀后揉成不黏手的团状。盖上保鲜膜，放置 30 分钟让面团醒发，即为白色面团。

❷ 取 50g 白色面团与食用焦糖色素混合拌匀，并揉成不黏手的咖啡色面团，再擀成厚约 0.2 厘米的圆片，用直径 1 厘米的压模压出约 50 个小圆圈。

❸ 将白色面团擀成厚约 0.2 厘米的长方形；将咖啡色小圆片均匀地铺于白色面皮上，盖上一层塑料袋，用手将咖啡色小圆片压入白色面皮，使其黏合；翻面，再用擀面杖擀平，用直径 8 厘米的压模压出 20 个圆片。

❹ 将每个圆形面皮擀成长椭圆形，刷上一层冷开水（材料外），对折成半月形，依序完成所有对折动作。

❺ 在每个豹纹刈包底下垫 1 张蒸笼纸，排入蒸锅，盖上锅盖，放置 30 分钟让面团发酵至原来的 2 倍大，用中小火蒸约 15 分钟至熟后取出，就可以夹入喜欢的内馅食用了。

{ 零失败秘诀 }

⫶ 冷藏后的面点，请以大火蒸 10 分钟复热，即可食用。

⫶ 刈包面皮对折面必须抹一层冷开水或色拉油，可以防止蒸熟时面皮开口处黏住。

⫶ 做法 3 压好圆形片后，多出来的面皮还能揉好成团，继续擀制成豹纹刈包皮。

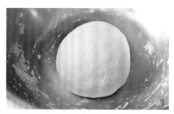
1

2

3-1

3-2

3-3

4

5

蔓越莓千层糕

属性: 发酵面团
数量: 2 份（长 30 厘米 × 宽 15 厘米 × 高 5 厘米）
火候: 中小火　　　　　　　　时间: 蒸 40 分钟
最佳品尝期: 室温 1 天 / 冷藏 3 天

做法

❶ 将冷开水、速溶酵母倒入钢盆中，拌匀至酵母溶解，加入已过筛的中筋面粉、泡打粉，再加入黄豆粉、细砂糖、白油，拌匀后揉成不黏手的团状。盖上保鲜膜，放置 30 分钟让面团醒发。

❷ 将中筋面粉、色拉油混合拌匀，即为油糊；将综合蜜饯、蔓越莓果干混合拌匀，备用。

❸ 取出面团，分成两份；取一份压扁后擀成厚约 0.3 厘米的长椭圆形，抹上一层已制好的油糊，均匀撒上 40g 综合蜜饯、40g 蔓越莓果干；折成三折，表面刷上一层冷开水（材料外），再撒上 20g 综合蜜饯、20g 蔓越莓果干，四周修边成工整的长方形，用长竹签刺数个小洞。依序完成另一份面皮的包裹动作。

❹ 在每个千层面团底下垫 1 张蒸笼纸，放置 30 分钟让面团发酵至原来的 2 倍大，用中小火蒸约 40 分钟至熟后取出，待冷却，修边后切小块即可。

{ 零失败秘诀 }

⫶ 冷藏后的面点，请以大火蒸 10 分钟复热，即可食用。
⫶ 擀制或折叠面皮的动作不宜太大，以免影响面团的发酵程度。

材料

面团

冷开水	440ml
速溶酵母	9g
中筋面粉	800g
泡打粉	12g
黄豆粉	16g
细砂糖	96g
白油	16g

内馅

中筋面粉	160g
色拉油	80ml
综合蜜饯	60g
蔓越莓果干	60g

黑芝麻水煎包

属性：发酵面团	数量：26 个
火候：中小火	时间：煎 12 分钟→ 12 分钟
最佳品尝期：室温 1 天 / 冷藏 3 天	

做法

❶ 将冷开水、速溶酵母倒入钢盆中，拌匀至酵母溶解，加入中筋面粉、黑芝麻粉，拌匀后揉成不黏手的团状。盖上保鲜膜，放置 30 分钟让面团醒发。

❷ 将圆白菜丁放入调理盆，加入 5g 盐，用手抓匀并使圆白菜丁释出水分，将其挤干；将猪绞肉与剩余 5g 盐拌匀且搅打至有黏性，再加入味精、酱油、香油、色拉油拌匀，放入姜末、圆白菜丁、小葱末拌匀，即为内馅。

❸ 取出面团，搓长后分为 26 等份，每份小面团擀成直径约 7 厘米的圆片，包入 30g 内馅，并捏成包子状，收口捏紧。依序完成所有包馅动作。

❹ 盖上保鲜膜，放置 30 分钟让面团发酵至原来的 2 倍大。

❺ 取 10ml 色拉油（材料外）倒入平底锅，以中小火加热；将芝麻包放入平底锅，倒入 20ml 冷开水（材料外），盖上锅盖，焖煎 12 分钟；再倒入 20ml 冷开水（材料外），盖上锅盖，继续焖煎 12 分钟至包子熟且底下呈金黄色，均匀撒上熟白芝麻即可。

{ 零失败秘诀 }

冷藏后的面点，请以大火蒸 10 分钟或微波炉高火复热 1 分钟，即可食用。

焖煎时，不需要添加太多水，并且分 2 次添加，则煎好的包子外形会比较美观。

材料

面团
冷开水	300ml
速溶酵母	7g
中筋面粉	450g
黑芝麻粉	50g

内馅
圆白菜丁	400g
猪绞肉	300g
盐	10g
味精	1g
酱油	10ml
香油	7ml
色拉油	10ml
姜（切末）	15g
小葱（切末）	30g

装饰
熟白芝麻	10g

蛋黄麻糬包

属性：发酵面团　　　　　　数量：21 个
火候：中小火　　　　　　　时间：蒸 20 分钟
最佳品尝期：室温 1 天／冷藏 3 天

材料

面团		内馅	
冷开水	275ml	红豆沙馅	630g
速溶酵母	6g	（制作步骤参见 P20）	
中筋面粉	500g	冷冻麻糬	21 个
泡打粉	7g	咸蛋黄	21 个
黄豆粉	10g		
细砂糖	50g		
白油	10g		

做法

❶ 将冷开水、速溶酵母倒入钢盆中，拌匀至酵母溶解，加入已过筛的中筋面粉、泡打粉，再加入黄豆粉、细砂糖、白油，拌匀后揉成不黏手的团状。盖上保鲜膜，放置 30 分钟让面团醒发。

❷ 将红豆沙馅分为 21 等份，将咸蛋黄排入烤盘，喷上少许米酒（材料外），放入以上火 170℃／下火 170℃ 预热好的烤箱，烤 7 分钟至咸蛋黄表面出现泡泡状，取出后冷却。

❸ 取出面团，搓长后分为 21 等份，每份小面团擀成直径约 7 厘米的圆片，包入 1 份红豆沙馅、1 个冷冻麻糬、1 个咸蛋黄，并捏成包子状，收口捏紧。依序完成所有包馅动作。

❹ 每个包子底下垫 1 张蒸笼纸，依次排入蒸锅，盖上锅盖，放置 30 分钟让面团发酵至原来的 2 倍大，用中小火蒸约 20 分钟至熟即可。

｛零失败秘诀｝

▏冷藏后的面点，请以大火蒸 10 分钟复热，即可食用。

▏冷冻麻糬可以到烘焙材料店购买，一球一球的较好包裹。如果买到的是一大包软软的麻糬，建议分割完成后（每个约 10g），先冷冻，待微硬再包，这样比较容易操作。

芝士火腿包

属性：发酵面团	数量：21 个
火候：中小火	时间：蒸 20 分钟
最佳品尝期：室温 1 天 / 冷藏 3 天	

材料

面团

冷开水	275ml
速溶酵母	6g
中筋面粉	500g
泡打粉	7g
黄豆粉	10g
细砂糖	50g
白油	10g

内馅

无盐奶油	30g
洋葱（切小丁）	50g
火腿（切小丁）	250g
双色芝士丝	250g
黑胡椒细粒	10g

做法

❶ 将冷开水、速溶酵母倒入钢盆中，拌匀至酵母溶解，加入已过筛的中筋面粉、泡打粉，再加入黄豆粉、细砂糖、白油，拌匀后揉成不黏手的团状。盖上保鲜膜，放置 30 分钟让面团醒发。

❷ 热锅，放入无盐奶油，以小火加热至溶化，放入洋葱丁炒香，盛入调理盆，再加入火腿丁、双色芝士丝、黑胡椒细粒拌匀，待冷却，即为内馅。

❸ 取出面团，搓长后分为 21 等份，每份小面团擀成直径约 7 厘米的圆片，包入 25g 内馅，并从尾端慢慢捏成叶子形，收口捏紧。依序完成所有包馅动作。

❹ 在每个包子底下垫 1 张蒸笼纸，排入蒸锅，盖上锅盖，放置 30 分钟让面团发酵至原来的 2 倍大，用中小火蒸约 20 分钟至熟即可。

{ 零失败秘诀 }

冷藏后的面点，请以大火蒸 10 分钟复热，即可食用。

刚拌好的火腿芝士内馅会有些热度，必须等冷却后，再包入面皮中，以免影响面皮发酵程度。

南瓜馅饼

属性：半烫面团	数量：10 个
火候：中小火	时间：煎 8 分钟→5 分钟
最佳品尝期：室温 1 天 / 冷藏 3 天	

做法

❶ 将中筋面粉、盐倒入钢盆，先以滚水冲入面粉中，边冲边用擀面杖拌匀呈雪花状，再加入冷开水，拌匀后揉成不黏手的团状。盖上保鲜膜，放置 20 分钟让面团醒发。

❷ 南瓜去皮及瓤后切片，放入电饭锅蒸熟，取出后压成泥，趁热拌入细砂糖，拌匀后待冷却，即为南瓜馅。

❸ 将面团分为 10 等份，擀成直径约 10 厘米的圆片，包入约 40g 南瓜馅，并捏成包子状，收口捏紧。依序完成所有包馅动作，并将全部馅饼稍微压扁，备用。

❹ 平底锅加热，抹上一层色拉油（材料外），排入南瓜馅饼，以中小火先煎一面，煎 8 分钟至呈金黄色，翻面后续煎 5 分钟至熟且两面金黄即可。

{ 零失败秘诀 }

〉冷藏后的面点，请以微波炉高火复热 1 分钟，即可食用。

〉在煎制的过程中盖上锅盖，可以让馅饼四周面皮快速熟透。

材料

面团

中筋面粉	250g
盐	2g
滚水	100ml
冷开水	65ml

内馅

南瓜	450g
细砂糖	20g

冠军麻油鸡汤包

属性：冷水面团   数量：35 个
火候：中小火   时间：蒸 12 分钟
最佳品尝期：现蒸现吃 / 冷藏 2 天

做法

1. 将中筋面粉、盐、冷开水倒入钢盆，混合拌匀，再揉成不黏手的团状。盖上保鲜膜，放置 20 分钟让面团醒发。
2. 将鸡高汤、洋菜粉放入汤锅，以大火煮至洋菜粉溶解且滚沸；关火后倒入较深的容器，待冷却后放入冰箱，冷冻约 1 小时至硬，取出后将洋菜冻刨碎（或切碎）。
3. 将白面线放入滚水中煮至浮起，捞起后沥干，并剪成小段，与鸡肉丁、洋菜冻碎、姜末、盐、白胡椒粉、香油混合拌匀，即为面线鸡肉馅。
4. 将面团分为 35 等份的小面团，每份再擀成直径约 6 厘米的圆形，包入约 12g 面线鸡肉馅，并捏成包子状，收口捏紧。依序完成所有包馅动作。
5. 在蒸笼底下垫 1 张蒸笼纸，将小汤包排入蒸笼，盖上蒸笼盖，用中小火蒸 12 分钟至熟即可。

{ 零失败秘诀 }

  冷藏后的面点，请以大火蒸 10 分钟复热，即可食用。
  鸡高汤可以用蔬菜高汤、柴鱼高汤替换。

材料

面团

中筋面粉	350g
盐	3g
冷开水	175ml

内馅

鸡高汤	100ml
洋菜粉	10g
白面线（1 把）	50g
鸡肉（切小丁）	200g
姜（切末）	10g
盐	5g
白胡椒粉	5g
香油	10ml

咖喱牛肉大锅饼

属性：发酵面团	数量：2 个（直径约 30 厘米）
火候：小火	时间：干烙 25 分钟→20 分钟
最佳品尝期：室温 5 天 / 冷藏 8 天	

材料

面团		蘸料	
中筋面粉	1000g	色拉油	10ml
基本老面	450g	牛腩（切小块）	200g
（制作步骤参见 P25 ~ 26）		胡萝卜（切小丁）	100g
冷开水	10ml	马铃薯（切小丁）	100g
速溶酵母	1g	洋葱（切小丁）	50g
		冷开水	300ml
		咖喱块	30g

做法

❶ 将中筋面粉、基本老面放入钢盆，速溶酵母以冷开水拌匀后加入盆中，混合拌匀后揉成不黏手的团状。盖上保鲜膜，放置 30 分钟让面团醒发。

❷ 热锅，加入色拉油，放入牛腩，以中火炒至牛腩变色，加入胡萝卜丁、马铃薯丁、洋葱丁及冷开水，以大火煮滚，转中小火续煮约 25 分钟至牛腩熟软，放入咖喱块拌匀至完全溶化，即可关火。

❸ 将面团分成两份，分别擀成厚约 0.3 厘米的长方形，刷上一层薄薄的冷开水（材料外），卷成圆柱状，用擀面杖稍微压扁，在收口处刷上一层冷开水（材料外）使之黏合。

❹ 从一端慢慢卷成螺旋状，尾端再次擀薄后卷起，将尾端面皮捏紧后压到面团下方，稍微按压至扁平。依序完成另一份面团的擀与卷压动作，备用。

❺ 将面团擀成直径约 20 厘米的圆形，放在格子烤架上，再次擀压，让双面形成格子纹路；取长竹签在格子中刺小洞，盖上塑料袋，放置 30 分钟让面团发酵至原来的 2 倍大。

❻ 加热不粘平底锅，放入发酵好的面团，盖上锅盖，以小火先干烙一面约 25 分钟至上色，翻面后续干烙 20 分钟至上色且熟即可。

{ 零失败秘诀 }

干烙大锅饼一定要用小火，并避免加料理油。

牛肉酥

属性：油酥皮　　　　　　数量：18 个
火候：上火 200℃ / 下火 185℃ （单火 190℃）
时间：烤 20 分钟 → 5 分钟
最佳品尝期：室温 2 天 / 冷藏 5 天

材料

油皮
冷开水	120ml
细砂糖	30g
中筋面粉	300g
匈牙利红椒粉	10g
白油	120g

油酥
低筋面粉	250g
白油	125g

内馅
牛肉松	110g
抹茶粉	30g
白豆沙馅	400g

（制作步骤参见 P21）

装饰
蛋黄（打散）	2 个
匈牙利红椒粉	10g

做法

❶ 将冷开水、细砂糖倒入钢盆，稍微拌匀，加入中筋面粉、匈牙利红椒粉、白油，拌匀后揉成不黏手的团状。盖上保鲜膜，放置 20 分钟让面团醒发，即为油皮。将低筋面粉、白油放入钢盆，拌匀后揉成无面粉颗粒的团状，即为油酥。将油皮搓长后分为 18 等份，油酥搓长后分为 18 等份。

❷ 取 1 份油皮包入 1 份油酥，擀成长椭圆形，以三折法折成长方形，转 90 度后翻面使收口朝上，再擀成长椭圆形，慢慢卷起来。依序完成所有包酥动作，盖上保鲜膜，放置 15 分钟让面团醒发。

❸ 将牛肉松弄散，与抹茶粉、白豆沙馅混合拌匀，分为 18 等份，备用。

❹ 取 1 份油酥皮，按压中间位置，并将两边抓起后压扁，再擀成直径约 7 厘米的圆片，包入 1 份牛肉抹茶馅，并包成圆形，收口捏紧后稍微压扁，排入烤盘。依序完成所有包馅动作。

❺ 均匀刷上蛋黄液，撒上匈牙利红椒粉，放入以上火 200℃ / 下火 185℃预热好的烤箱，烤 20 分钟后将烤盘调头，续烤 5 分钟至表面呈金黄色即可。

{ 零失败秘诀 }

由于每台烤箱的温度会有些许差异，建议看到牛肉酥表面上色，而且边缘呈现微裂时就取出。

1-1

1-2

2-1

2-2

3

4

5

宫保鸡丁馅饼

属性：半烫面团	数量：10 个
火候：中小火	时间：煎 8 分钟→5 分钟
最佳品尝期：室温 1 天 / 冷藏 3 天	

做法

❶ 将中筋面粉、盐倒入钢盆，先以滚水冲入面粉中，边冲边用擀面杖拌匀呈雪花状，再加入冷开水，拌匀后揉成不黏手的团状。盖上保鲜膜，放置 20 分钟让面团醒发。

❷ 将鸡胸肉丁放入调理盆，加入酱油、米酒、玉米粉、酱油膏混合拌匀，腌约 10 分钟，待入味，备用。

❸ 热锅，倒入色拉油，放入腌渍完成的鸡胸肉丁，以中小火炒至肉变白，加入干辣椒丁、小葱末、蒜末、花椒粒、干花生炒至香，即为宫保鸡丁馅，关火后待冷却。

❹ 将面团分为 10 等份，每份擀成直径约 10 厘米的圆片，包入约 30g 宫保鸡肉馅，并捏成包子状，收口捏紧。依序完成所有包馅动作，并将全部馅饼稍微压扁。

❺ 将平底锅加热，抹上一层色拉油（材料外），排入馅饼，以中小火先煎一面，煎 8 分钟至呈金黄色，翻面后续煎 5 分钟至熟且两面金黄即可。

{ 零失败秘诀 }

┊ 冷藏后的面点，请以微波炉高火复热 1 分钟，即可食用。

┊ 不嗜辣者，可以不加干辣椒与花椒粒。

┊ 宫保鸡丁馅若用不完，可以温热后当正餐配菜食用。

材料

面团

中筋面粉	250g
盐	2g
滚水	100ml
冷开水	65ml

内馅

鸡胸肉（切小丁）	400g
酱油	12ml
米酒	10ml
玉米粉	5g
酱油膏	15g
色拉油	10ml
干辣椒（切小丁）	15g
蒜头（切末）	10g
小葱（切末）	20g
花椒粒	3g
干花生	25g

1　2　3　4-1
4-2　4-3　5-1　5-2

樱花虾菠菜煎饼

属性：半烫面团	数量：10 个
火候：中小火	时间：煎 8 分钟 → 5 分钟
最佳品尝期：室温 1 天 / 冷藏 3 天	

做法

❶ 将中筋面粉、盐倒入钢盆，先以滚水冲入面粉中，边冲边用擀面杖拌匀呈雪花状，再加入冷开水，拌匀后揉成不黏手的团状。盖上保鲜膜，放置 20 分钟让面团醒发。

❷ 将菠菜碎放入调理盆，加入 5g 盐，用手抓匀并使菠菜碎释出水分，将其挤干后与花枝浆、樱花虾干、小葱末、姜末、剩余 3g 盐、米酒、细砂糖、白胡椒粉、香油混合拌匀，即为樱花虾菠菜馅。

❸ 将面团分为 10 等份，每份擀成厚约 0.3 厘米的长椭圆形，在面皮一端铺上约 40g 樱花虾菠菜馅，向上折起呈三角形，3 个尖角捏紧，翻面后将收口压紧。依序完成所有包馅动作。

❹ 将平底锅加热，抹上一层色拉油（材料外），排入馅饼，以中小火先煎一面，煎 8 分钟至呈金黄色，翻面后续煎 5 分钟至熟且两面金黄即可。

{ 零失败秘诀 }

⫶ 冷藏后的面点，请以微波炉高火复热 1 分钟，即可食用。
⫶ 煎饼的形状可以依个人喜好制作，也能包成扁圆形。

材料

面团

中筋面粉	250g
盐	2g
滚水	100ml
冷开水	65ml

内陷

菠菜（切碎）	100g
花枝浆	250g
樱花虾干	50g
小葱（切末）	20g
姜（切末）	5g
盐	8g
米酒	5ml
细砂糖	5g
白胡椒粉	5g
香油	10ml

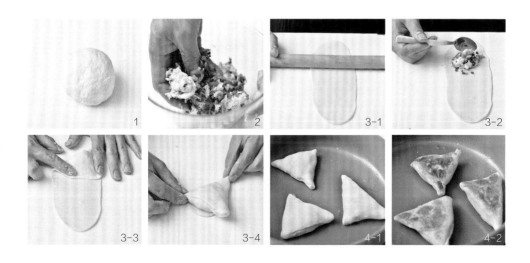

樱桃鸭卷饼

属性：半烫面团	数量：4 个
火候：中小火	时间：煎 8 分钟 → 5 分钟
最佳品尝期：室温 1 天／冷藏 3 天	

材料

面团		内馅	
中筋面粉	250g	色拉油	100ml
盐	2g	樱桃鸭胸	300g
滚水	100ml	生菜（切丝）	15g
冷开水	65ml	紫甘蓝（切丝）	15g
		小黄瓜（切丝）	15g
		苜宿芽	40g

做法

❶ 将中筋面粉、盐倒入钢盆，先以滚水冲入面粉中，边冲边用擀面杖拌匀呈雪花状，再加入冷开水，拌匀后揉成不黏手的团状。盖上保鲜膜，放置 20 分钟让面团醒发。

❷ 将平底锅加热，抹上一层色拉油，将樱桃鸭胸放入锅中，以中小火先煎至两面上色且熟。取出后待凉，切长条状，备用。

❸ 将面团分成 4 份（每份约 100 g），每份面团擀成厚约 0.2 厘米的大圆片，于面皮上涂上一层色拉油，并以百褶裙方式整形，两端往中间卷成螺旋状，稍微压扁。依序完成所有卷制动作。

❹ 取一个有深度的盘子，倒入剩余色拉油，将卷好的面团泡入色拉油，按压让油吸入面团中，翻面后重复此动作，再擀成直径约 25 厘米的圆片。

❺ 热锅，在锅面抹上一层薄薄的色拉油（材料外），排入卷饼面团，中小火先煎一面，煎 8 分钟至呈金黄色，翻面后续煎 5 分钟至熟且两面金黄；在最后的煎制过程中用锅铲进行推压，让卷饼呈松软酥脆感，即可取出。

❻ 铺上樱桃鸭胸、生菜丝、紫甘蓝丝、小黄瓜丝、苜宿芽，慢慢卷起。依序完成其他饼皮煎制与包卷即可。

{ 零失败秘诀 }

做法 3 完成的生面皮，可以在每片之间盖上一层保鲜膜，方便之后取用；此时若放入塑料袋，可冷冻保存约 20 天。

狮子头包

属性：发酵面团　　　　数量：17 个
火候：中小火　　　　　时间：蒸 20 分钟
最佳品尝期：室温 1 天 / 冷藏 3 天

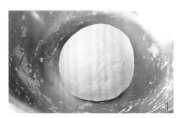

材料

面团		内馅	
冷开水	275ml	猪绞肉	400g
速溶酵母	6g	盐	15g
中筋面粉	500g	冷开水	350ml
泡打粉	7g	嫩豆腐	1/2 盒
黄豆粉	10g	太白粉	30g
细砂糖	50g	白胡椒粉	3g
白油	10g	小葱（切小段）	30g
		姜（切片）	30g
		酱油	10ml
		细砂糖	5g

做法

① 将冷开水、速溶酵母倒入钢盆中，拌匀至酵母溶解，加入已过筛的中筋面粉、泡打粉，再加入黄豆粉、细砂糖、白油，拌匀后揉成不黏手的团状。盖上保鲜膜，放置 30 分钟让面团醒发。

② 将猪绞肉剁碎，与 5g 盐、50ml 冷开水拌匀并摔出黏性；将嫩豆腐沥干水分后捏碎，再与猪绞肉拌匀，放入太白粉、白胡椒粉拌匀，分为 17 等份的肉丸并整圆。将小葱段、姜片、酱油、细砂糖、剩余的 10g 盐放入汤锅，加入肉丸、300ml 冷开水，以中小火煮约 20 分钟至入味后关火，待冷却。

③ 取出面团，搓长后分为 17 等份，每份小面团擀成直径约 8 厘米的圆片，包入 1 个狮子头，并捏成包子状，收口捏紧。依序完成所有包馅动作。

④ 在每个包子底下垫 1 张蒸笼纸，排入蒸锅，盖上锅盖，放置 30 分钟让面团发酵至原来的 2 倍大，用中小火蒸约 20 分钟至熟即可。

{ 零失败秘诀 }

冷藏后的面点，请以大火蒸 10 分钟复热，即可食用。

狮子头可以先冷冻至微硬，较方便后续包制操作。

抹茶牛舌饼

属性：油酥皮   数量：38 个
火候：上火 190℃ / 下火 185℃（单火 185℃）
时间：烤 15 分钟→5 分钟   最佳品尝期：室温 3 天 / 冷藏 6 天

做法

❶ 将冷开水、细砂糖倒入钢盆，稍微拌匀，加入中筋面粉、抹茶粉、无盐奶油，拌匀后揉成不黏手的团状。盖上保鲜膜，放置 20 分钟让面团醒发，即为油皮。将低筋面粉、无盐奶油放入钢盆，拌匀后揉成无面粉颗粒的团状，即为油酥，备用。将油皮搓长后分为 38 等份，油酥搓长后分为 38 等份，备用。

❷ 取 1 份油皮包入 1 份油酥，擀成长椭圆形，以三折法折成长方形，转 90 度后翻面使收口朝上，再擀成长椭圆形，慢慢卷起来，依序完成所有包酥动作。盖上保鲜膜，放置 15 分钟让面团醒发，即为油酥皮。

❸ 将木薯淀粉、熟面粉、糖粉、抹茶粉、麦芽糖、冷开水、盐、无盐奶油放入钢盆，混合拌匀，加入已过筛的低筋面粉，拌匀至成团，即为内馅，分为 38 等份，备用。

❹ 取 1 份油酥皮，用食指按压中间位置，再将两端油酥皮往内压，稍微压扁，擀成直径约 7 厘米的圆片，包入 1 份内馅，并包成圆形，收口捏紧后呈椭圆形，再擀成厚约 0.2 厘米的长椭圆形，排入烤盘。依序完成所有包馅与擀制动作。

❺ 放入以上火 190℃ / 下火 185℃预热好的烤箱，烤 15 分钟后将烤盘调头，续烤 5 分钟至表面上色即可。

{ 零失败秘诀 }

抹茶粉可以换成咖啡粉、红曲粉等来变化面点的口味。

材料

油皮

冷开水	200ml
细砂糖	40g
中筋面粉	400g
抹茶粉	20g
无盐奶油	140g

油酥

低筋面粉	240g
无盐奶油	120g

内馅

木薯淀粉	28g
熟面粉	20g
糖粉	240g
抹茶粉	50g
麦芽糖	120g
冷开水	60ml
盐	4g
无盐奶油	50g
低筋面粉	200g

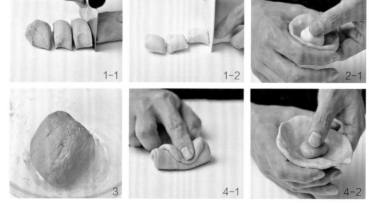

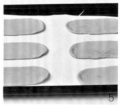

1-1   1-2   2-1   2-2

3   4-1   4-2   5

紫薯酥饼

属性: 油酥皮　　　　数量: 18 个
火候: 上火 200℃ / 下火 185℃（单火 190℃）
时间: 烤 20 分钟→5 分钟　　最佳品尝期: 室温 3 天 / 冷藏 6 天

做法

① 将冷开水、细砂糖倒入钢盆，稍微拌匀，加入中筋面粉、白油，拌匀后揉成不黏手的团状。盖上保鲜膜，放置 20 分钟让面团醒发，即为油皮。将低筋面粉、白油放入钢盆，拌匀后揉成无面粉颗粒的团状，即为油酥。将油皮搓长后分为 18 等份，油酥搓长后分为 18 等份，备用。

② 取 1 份油皮包入 1 份油酥，擀卷 2 次，盖上保鲜膜，放置 15 分钟让面团醒发，即为油酥皮（详细步骤参见 P13 ～ 15）。

③ 将紫番薯馅分为 18 等份后收圆，将芋头色膏以冷开水拌匀，备用。

④ 取 1 份油酥皮，擀成直径约 7 厘米的圆片，包入 1 份紫番薯馅，并包成圆形，收口捏紧后塑成椭圆形。依序完成所有包馅动作。

⑤ 将包好的紫薯饼依次排入烤盘，均匀刷上制作好的芋头色膏水，放入以上火 200℃ / 下火 185℃ 预热好的烤箱，烤 20 分钟后将烤盘调头，续烤 5 分钟至表面上色即可。

｛零失败秘诀｝

⁝ 冷藏后的面点，请以 150℃烤 12 分钟复热，即可食用。
⁝ 卷油酥皮时，力道要均匀且不要太用力，以免破酥。

材料

油皮
冷开水	120ml
细砂糖	30g
中筋面粉	300g
白油	120g

油酥
低筋面粉	250g
白油	125g

内馅
紫番薯馅	540g

（制作步骤参见 P24）

装饰
芋头色膏	2g
冷开水	60ml

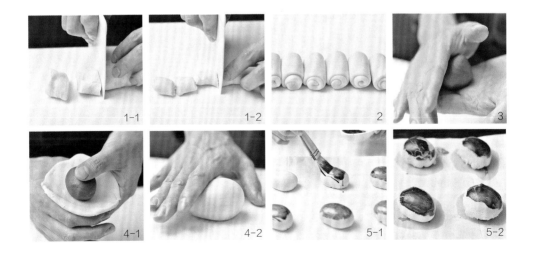

1-1　1-2　2　3
4-1　4-2　5-1　5-2

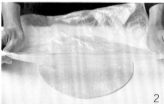

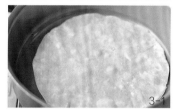

蔬菜全麦蛋饼

属性：半烫面团	数量：12 份
油温：中小火	时间：煎约 6 分钟
最佳品尝期：室温 1 天	

材料

面团		内馅	
中筋面粉	350g	全蛋（分别打散）	12 个
全麦面粉	150g	紫甘蓝（切丝）	20g
盐	10g	小黄瓜（切丝）	40g
滚水	250ml	胡萝卜	40g
冷开水	130ml	（去皮后切丝）	
		苜宿芽	40g
		美奶滋	适量

做法

❶ 将中筋面粉、全麦面粉、盐倒入钢盆，先以滚水冲入面粉中，边冲边用擀面杖拌匀呈雪花状，再加入冷开水，拌匀后揉成不黏手的团状。盖上保鲜膜，放置 20 分钟让面团醒发。

❷ 将面团搓长后分为 12 等份，每份小面团擀成直径约 25 厘米的圆形面皮，盖上塑料袋（或保鲜膜），醒发 20 分钟。依序完成所有擀制动作。

❸ 平底锅加热，抹上 10ml 色拉油（材料外），放入 1 片全麦面皮，以中小火煎到两面上色，取出饼皮。再倒入 1 个打散的全蛋液，煎至九分熟，盖上刚刚煎好的饼皮，煎至蛋熟后取出。

❹ 铺上适量紫甘蓝丝、小黄瓜丝、胡萝卜丝、苜蓿芽，挤上美奶滋，卷起后切块，即可盛盘。依序完成其他饼皮煎制与包卷即可。

{ 零失败秘诀 }

〉 做法 2 完成的生面皮，可以在每片之间盖上 1 层保鲜膜，方便之后取用；此时若放入塑料袋，可冷冻保存约 20 天。

〉 可以挑选个人喜爱的蔬菜种类，但是记得要沥干水分再包裹为宜。

材料

面团

冷开水	440ml
速溶酵母	16g
中筋面粉	800g
泡打粉	12g
奶粉	16g
细砂糖	80g
白油	18g

内馅

黑芝麻粉	30g
双色芝士丝	100g

1-1

1-2

芝麻芝士卷

属性：发酵面团	数量：约 22 个
火候：中小火	时间：蒸 15 分钟
最佳品尝期：室温 1 天 / 冷藏 3 天	

做法

❶ 将冷开水、速溶酵母倒入钢盆中，拌匀至酵母溶解，加入已过筛的中筋面粉、泡打粉、奶粉，再加入细砂糖、白油，拌匀后揉成不黏手的团状。盖上保鲜膜，放置 30 分钟让面团醒发。取出面团，擀成厚约 0.3 厘米的长方形，刷上一层薄薄的冷开水（材料外），均匀撒上黑芝麻粉、双色芝士丝，切成约 5 厘米长的小段（每段约 65g）。

❷ 在芝麻芝士卷底下垫 1 张蒸笼纸，排入蒸锅，盖上锅盖，放置 30 分钟让面团发酵至原来的 2 倍大，用中小火蒸约 15 分钟至熟即可。

{ 零失败秘诀 }

┊ 芝士丝分为有拉丝芝士（白色）和非拉丝芝士（黄色），其风味各有不同，混合后一起添加，则芝士风味更香浓。

2

材料

面团

冷开水	440ml
速溶酵母	16g
中筋面粉	800g
泡打粉	12g
奶粉	16g
抹茶粉	30g
细砂糖	80g
白油	18g

内馅

熟红豆粒	200g

抹茶红豆馒头

属性：发酵面团	数量：约 23 个
火候：中小火	时间：蒸 15 分钟
最佳品尝期：室温 1 天 / 冷藏 3 天	

做法

❶ 将冷开水、速溶酵母倒入钢盆中，拌匀至酵母溶解，加入已过筛的中筋面粉、泡打粉、奶粉、抹茶粉，再加入细砂糖、白油，拌匀后揉成不黏手的团状。盖上保鲜膜，放置 30 分钟让面团醒发。取出面团，擀成厚约 0.3 厘米的长方形，刷上一层薄薄的冷开水（材料外），均匀撒上熟红豆粒，卷成圆柱状，切成约 5 厘米长的小段（每段约 70g）。

❷ 在每个抹茶红豆馒头底下垫 1 张蒸笼纸，排入蒸锅，盖上锅盖，放置 30 分钟让面团发酵至原来的 2 倍大，用中小火蒸约 15 分钟至熟即可。

｛零失败秘诀｝

┊ 抹茶粉可以用其他粉替换，但数量都不能太多，以免吸水性过高，从而影响成品的外观。

1-1

1-2

2

炸蛋葱油饼

属性：半烫面团	数量：6 个
油温：180℃	时间：炸 3 ~ 5 分钟
最佳品尝期：室温 1 天	

材料

面团

中筋面粉	250g
盐	5g
滚水	125ml
冷开水	65ml
小葱（切末）	30g
色拉油	80ml

内馅

全蛋	6 个

做法

❶ 将中筋面粉、盐倒入钢盆，先以滚水冲入面粉中，边冲边用擀面杖拌匀呈雪花状，再加入冷开水，拌匀后揉成不黏手的团状。盖上保鲜膜，放置 20 分钟让面团醒发。将小葱末慢慢揉入面团，盖上保鲜膜，放置 20 分钟让面团醒发。将面团搓长后分为 6 等份，每份小面团擀成直径约 25 厘米的圆形，两面抹上一层色拉油，盖上塑料袋（或保鲜膜），待醒发 20 分钟。依序完成所有擀制与抹油动作。

❷ 取适量色拉油倒入锅中，加热至 180℃，放入葱油饼面皮，炸至两面呈金黄，捞起后沥干油分，倒入 1 个全蛋液，盖上 1 片炸好的葱油饼。继续炸至蛋熟且葱油饼酥脆，取出后沥干油分，折成需要的大小即可。